古建筑搭材技艺

张伟朋　刘智宇　万彩林　著

中国建筑工业出版社

图书在版编目（CIP）数据

古建筑搭材技艺 / 张伟朋，刘智宇，万彩林著. ——
北京 ：中国建筑工业出版社，2024.6
ISBN 978-7-112-29875-4

Ⅰ.①古… Ⅱ.①张…②刘…③万… Ⅲ.①古建筑
-建筑施工 Ⅳ.①TU745.9

中国国家版本馆 CIP 数据核字（2024）第 101836 号

本书是一本介绍古建筑搭材技艺的专业图书，全书共有五章内容，分别是：古建筑搭材作的今昔，古建筑搭材作材料概述，聊聊搭材作这点事，古建筑搭材技艺，古建筑搭材实例。全书有大量的搭材工程图，适合广大从事古建筑施工的技术人员、管理人员、造价人员阅读。

责任编辑：王　治　张伯熙
责任校对：张　颖

古建筑搭材技艺

张伟朋　刘智宇　万彩林　著

*

中国建筑工业出版社出版、发行（北京海淀三里河路 9 号）
各地新华书店、建筑书店经销
北京科地亚盟排版公司制版
北京中科印刷有限公司印刷

*

开本：787 毫米×1092 毫米　1/16　印张：8¾　字数：180 千字
2024 年 5 月第一版　　2024 年 5 月第一次印刷
定价：**40.00** 元
ISBN 978-7-112-29875-4
（42689）

作 者 简 介

张伟朋

中兴文建工程集团有限公司古建部总经理，工程师、造价师，中国民间文艺家协会中国建筑与园林艺术委员会副会长。

从事文物古建保护修缮工作 10 余年，有丰富的施工管理经验。参与了《古建筑工程计量》《古建筑工职业技能标准》JGJ/T 463—2019 的编制，系统了解、掌握、总结了古建筑搭材技艺，收集了古建筑搭材实例，对古建筑搭材营造技艺有很深的研究。

刘智宇

北京龙醒东方文物保护技术有限公司总经理，工程师，本科学历，建筑施工安全管理专业毕业。

从事文物古建保护修缮工作 10 余年，有丰富的安全施工管理经验，对古建筑搭材技艺、结构安全评估有很深的研究。热爱文物古建保护修缮事业，潜心研究古建筑搭材技艺。拜师学艺，刻苦钻研，系统总结了古建筑搭材种类、技法。将传统的古建筑搭材技艺对外展示，供文物古建保护修缮工程技术人员借鉴、学习，指导施工。

万彩林

北京市文物古建工程公司总工程师、国家文物局方案评审专家、高级工程师、中国民族建筑研究会专家。

从事文物古建保护修缮工作 45 年，受聘多所高等院校，讲授古建筑工程经济，古建筑施工工艺，为中国古建筑行业培养了大批专业技术人员。多次参编、审定古建筑行业标准、北京市地方标准、国家标准。对古建筑工程经济理论有很深的研究。

前　言

古建筑搭材是中国古建筑营造（施工）八大专业之一，它在八大专业中占有十分重要的地位。

中国古建筑多以木材作为结构构件，这使得古建筑形式丰富多样。因此，在对古建筑进行修缮、营造时，与之匹配的脚手架形式也变得丰富多样。而且，由于古建筑修缮、施工工艺的丰富多样，需要的脚手架形式又变得丰富多样，使得古建筑工程技术人员编制施工组织设计，编制工程造价、措施费，甚至进行结算审计时遇到不小的难题——不明确哪些脚手架是必然发生的，会在工程造价方面产生争议。因为脚手架属于措施费的内容之一，科学、合理、准确地设置古建筑脚手架，是确定准确的工程造价的前提。

营造或修缮一座古建筑少则需要几种脚手架，多则需要十几种或几十种脚手架。本书按照古建筑工艺需要，向读者介绍了 35 种常用的古建筑脚手架样式，配图说明。其中，个别的脚手架是在前一种脚手架的基础之上改造、搭设后完成的，这种情况仍需按照两种或多种脚手架考虑。

书中有些脚手架随着社会的进步和施工机械化程度的提高，已逐步被机械取代。若无机械配合施工，这些脚手架还会被使用。

本书着重于古建筑搭材技艺的传承，在编写过程中得到了北京市文物古建工程公司杨秀海先生的技术指导，中兴文建工程集团有限公司古建部刘云鹤先生为本书绘制大量图稿，在此表示感谢。由于作者水平有限，书中难免有不妥之处，恳请读者提出宝贵意见。

目　　录

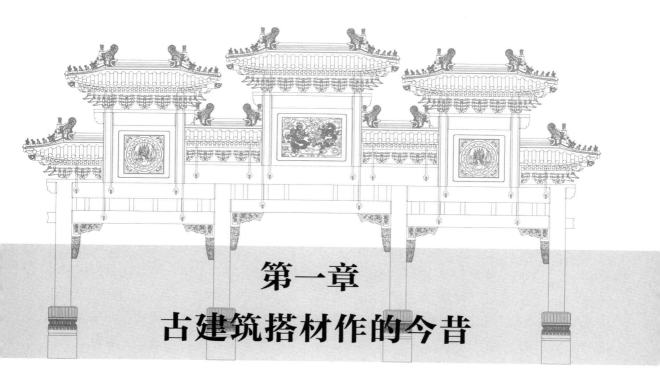

第一章
古建筑搭材作的今昔

古建筑中以架木搭设、扎彩、棚匠为主要内容的营造技艺就是搭材作，但是，搭材作在古建筑施工中又以搭建脚手架为主。古建筑的搭材作随着社会的进步，发生了很大的改变。但无论如何，搭材作仍以独有的形式，在中国古建筑历史中留下印迹。

古建筑的修建需要诸多专业配合施工才能顺利完成。在我国，古建筑施工曾经主要有八大专业（也叫八大工种或八大作），即土、石、木、瓦、搭、油、彩、糊。"土"指土作、版筑，土作工匠完成古建筑的垫层、版筑的土墙施工。"石"指石作，石作工匠凿打、加工石料，供建筑使用。"木"指木作，木作工匠加工大木构件、斗栱、门窗等。"瓦"指瓦作，瓦作工匠主要完成房屋砌墙、屋面铺瓦、墁地面的施工。"搭"指搭材作，搭材作工匠用杉篙、毛竹支搭脚手架或从事大型构件的起重、运输，也就是今日的架子工。"油"指油作，油作工匠在木构件上做地仗、刷油漆、贴金。"彩"指彩画，彩画作工匠在建筑物上绘制彩画。"糊"指裱糊，裱糊作工匠专门从事室内顶棚、木构件、墙壁的裱糊。八大工种互相联系，互相合作，完成古建筑的修建，同时也形成了一整套的古建筑修建行业规则。

古时，搭材作多使用杉篙作为立杆与横杆，立杆与横杆之间用藤条、竹篾或麻绳捆绑。在施工层铺设木板或竹板，即今日的脚手板。搭材作主要通过设置立杆（立柱）、大横杆（顺水）、小横杆（排木）和脚手板，形成架子主体。盘互交错，相辅相成，满足古建筑复杂的外观形式的施工需要。如今，搭材的材料虽发生了根本的变化，但最主要的架子形式、杆件搭接关系与古时的搭材作类似。就搭材作而言，伴随着中国古建筑的千百年传承，形成了与其他工种密不可分的合作关系。搭架子是为了营造或修建古建筑，架子的变化十分复杂，它要随古建筑的高低、大小，建筑外形的变化而变化，要能满足各工种操作的需求。既要使用方便，还要安全。形式特殊、复杂的古建筑在搭设脚手架之前，同样要做脚手架方案设计。只不过传统的搭材作工匠，因文化水平有限，不会画图，只能在心里做出设计方案，例如：兴建北京妙应寺白塔、北京天坛的祈年殿、山西应县木塔、湖北黄鹤楼时，一定有一些技艺高超的搭材作工匠，搭设出了非常特殊的脚手架，满足施工的需要，才使这些外观形式多样的古建筑落成。

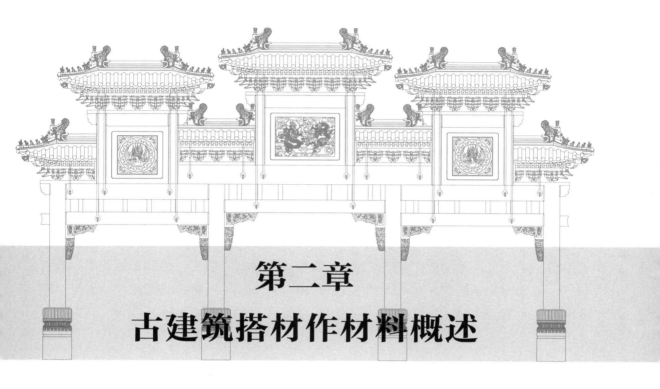

第二章
古建筑搭材作材料概述

第一节　搭设架子的杆件材料

古代，在我国搭设脚手架，南北方有很大区别。南方地区温暖潮湿，盛产竹子，架子体系主要用竹子搭设。竹子天然生长直顺，抗拉强度和抗压性很好，耐潮湿、不易腐烂。我国南方到处可种植竹子，易获取，经济实惠，竹子长度可达十余米，是优良的架体材料。用竹子搭设的脚手架重量轻，具备很强的韧性，搭设高度可达 50 余米，至今南方许多地区仍然使用竹子搭设脚手架。

竹子的选取很重要，一般要挑选 3 年以上的粗壮毛竹。竹子生长中有自然弯曲，枯黄或被虫、蚁蛀蚀过的不能使用，青嫩竹子不宜使用。

竹子有大小头之分，作为搭设脚手架大横杆（顺水）的竹子小头直径不应小于 80mm，作为小横杆（排木）时小头直径不应小于 90mm。

北方地区寒冷干燥，没有毛竹，用木杆搭设脚手架。木杆多选用杉木，也称杉篙。杉指杉木类树木，篙指干枯后的木材。杉木多天然直挺，较轻、韧性好，优质高强。我国东北、华北、华南地区盛产杉木。杉篙使用前要剥去表皮，使其自然干燥，脱去水分。杉篙搭架子时使用的长度有 4～6m 和 8～10m 两种规格，小头直径不应小于 60mm，大头直径不应大于 180mm。

第二节　绑扎架体的材料

脚手架杆件受力最薄弱之处是杆件的连接点。南方的脚手架多使用藤条、竹篾或麻绳绑扎杆件连接节点。北方的脚手架直接使用扎绑绳（一种专门用于捆绑杉篙脚手架的麻绳）捆扎。

使用竹篾、藤条前要浸水，使其有充分的柔韧性，便于绕弯捆绑、扎牢。扎绑绳千万不能受潮、浸水。扎绑绳受潮后抗拉强度降低，易被拉断。因此，保存扎绑绳的环境应通风、干燥。藤条、竹篾扎绑绳均可反复使用。

20 世纪 80 年代后，扎绑绳逐步被镀锌钢丝（俗称 8 号铅丝）代替，直径 4mm。抗拉强度更高，使用方便，但不宜反复使用。

第三节　铺板材料

脚手架搭设完毕后形成的平台称为"盘"，操作者站在盘的木板上工作，盘上面铺的木板是脚手板。

传统搭材作板子的材料在南北方是不同的，南方多使用竹子制成边长 50～60mm 竹片，再将竹片从侧面串起，串成竹脚手板。竹脚手板强度高，韧性、弹性很好。

北方多直接使用落叶松木作为搭材作板子。板厚 50mm，宽 200mm，长 4000mm。木板端头用 8 号铅丝捆扎两圈，每面用两道骑马钉钉牢。也可用薄铁条捆扎一圈，防止端头开裂。木质脚手板端头的断面要刷桐油或油漆封护，防止开裂。木脚手板不能有大的木疖子，不能糟朽、劈裂。

如今古建筑搭材作发生了很大变化，搭材使用的杆件材料从毛竹、杉篙演变为钢管。绑扎材料从麻绳、藤条、竹篾演变为铸铁扣件。脚手板没有大变化，大部分仍使用木板、竹板，部分使用钢脚手板。

古时的搭材工匠，演变为今日建筑行业的架子工。过去搭材作负责的起重任务，如今多由起重机或其他机械完成。

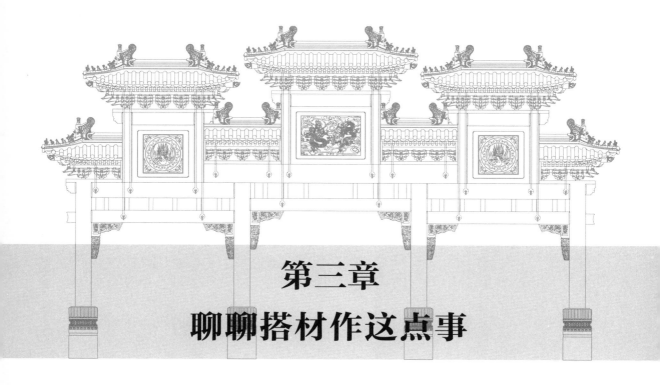

第三章

聊聊搭材作这点事

第一节　学艺前要拜师

清代早期，北京城活跃着八家规模较大的木厂，之后又逐渐成立了四家规模相对较小的木厂，它们被叫作"八大柜、四小柜"。

这十二家木厂是当时北京城营造和维修古建筑的主要力量。据记载，八家大木厂分别是兴隆木厂、广丰木厂、宾兴木厂、东天和木厂、西天和木厂、德利木厂、德祥木厂和聚源木厂，四家较小的木厂是艺和木厂、东升木厂、祥和木厂、盛祥木厂。

十二家木厂中规模最大，信誉最好，技艺最高的是兴隆木厂，它是众多木厂的老大哥。今天人们所见到的颐和园、故宫、天坛和众多王府、寺庙、会馆等，都出自这十二家木厂的能工巧匠之手，他们为我们留下了珍贵的历史文化遗产。

在当时，为满足不同的营造需要，各柜都设有齐全的专业工种，俗称八大作（音同嘬，汉语拼音 zuō）。八大作的工匠们以手工操作营造宫殿、园囿、府邸、亭、台、楼、阁，是纯粹靠手艺吃饭的专业工匠，故称为"手艺行"或工匠师。

这些工匠们大多缺少文化，靠卖力气和手艺养家糊口，维持生活。初入手艺行，要拜师入门。确立师徒关系后，师徒间情如父子。师傅对于徒弟，一朝为师，终身为父。师傅会毫无保留地将自己的手艺传给徒弟，让徒弟掌握凭手艺吃饭的本事，一代一代相传至今。

传统的师徒亲如一家。拜师前，师徒要互相了解一段时间，师傅要接纳认同徒弟后才能拜师。决定拜师时，要有引见人（介绍人），拜师收徒是师徒一生中的大事。拜师会十分严肃、庄重，要举行拜师仪式，择吉日在饭店举行，并设酒宴款待来宾。在拜师会上要宣读拜师帖，徒弟向师傅三叩首行大礼，师傅在拜师帖上签字，向徒弟赠送入门礼物。拜师后，师徒就是一家人。

过去学徒要有很长时间，共三年零一节。所谓三年零一节就是三整年再加三个月（三个月为一个季度，此为一节）。学徒期间，徒弟要住在师傅家，除学手艺外，徒弟还要帮助师傅家干各种杂活。学徒期间，师傅负担徒弟吃、穿、住、行各种开支。师傅外出带徒弟做活，主人付给的报酬、礼物，全归师傅一人所有。

师傅带徒弟外出做活是徒弟学手艺的机会。师傅掌线，把控全局，卖力气的活全由徒弟完成。师傅会根据每位徒弟的情况，逐步把手艺传给徒弟。学徒三年零一节期满，徒弟基本掌握了一些专业技能后才能出师，逐步独立成事。

过去的八大作都实行拜师学艺，俗称师出有门。师傅对徒弟严格、认真才能教出技艺高超的徒弟，这就是人们常说的"严师出高徒"，搭材作也不例外。这些规矩代代相传，至今在古建筑保护维修行业，许多工种仍沿袭拜师学艺的传统。

第二节　搭材作历史

搭材作是古代营造技艺必不可少的工种。搭材作贯穿中国历代营造过程的始终，是为其他七个工种提供帮助、支持的特殊工种。"搭材"一词较早出现在清雍正十三年（1735年）工部刊印的《工程做法则例》，该书卷五十四、卷六十八记录了搭材作用料、用工方法。

搭材指以扎、搭为技艺，木材为原料的一种脚手架作业的早期称呼。脚手架的组成主要有立杆、拉、戗、马子、盘。

立杆——也称节，是脚手架的立柱，与地面垂直矗立。立杆的间距不同，架子功能不同。

拉——也称顺水、顺杆，是脚手架的水平杆件，起连接立杆的作用。上下每两根顺水形成一步，每步的间距视脚手架的功能而定。

戗——斜向杆件，是起主体结构稳定作用的固定杆件。有剪刀撑、开口戗、野戗等。

马子——也称排木、小横杆，是除了柱子、顺水、戗三个杆件之外的结构拉接杆件。马子与柱子、顺水连接，在马子上铺设脚手板，形成各种工作平台。

盘——马子上形成的工作平台。

由于搭材作的特殊性，从业人员一律为男性，且年轻力壮，身轻体健。如今，搭材作从业人员就是建筑行业的架子工。架子工属于特殊工种，每年要进行身体健康的检查，对体重、血压、身体灵活性有严格要求。

古时搭材作的工匠不但会搭建筑脚手架，闲时也从事扎棚的工作。民间遇有红白喜事，搭材作工匠要根据雇主要求，扎各种规格的席棚。面积小的席棚，可摆放几桌酒席，面积大的席棚可摆放几十桌酒席。席棚周围设有围护，防风、防尘。更有甚者，席棚设有可开启的门、窗，使用更便利。席棚高大、敞亮，从搭设到拆除用时很短，速搭速拆。

乡间庆典需要扎彩门，为戏班子搭设临时戏台，搭设会场主席台，也是搭材作工匠的工作内容。

民间个人或单位有时遇到大物件装卸运输的难题，也要请搭材作工匠解决。他们会根据雇主的需要，将大物件安全地起重、装卸、运输。在过程中要搭设多种专用的脚手架才能完成工作。20世纪70年代之前，北京街区里有许多挂牌营业的起重社，就是专门从事起重、装卸、运输大物件的单位。许多从事搭材作的工匠在起重社工作，他们经验丰富，会设计、搭设各种非传统建筑工程使用的特殊脚手架完成工作。据说，20世纪50年代天安门前的华表曾被整体平移，华表是由汉白玉雕刻而成，历史价值和文物价值极高。几十吨的华表被整体平移，不能有半点闪失，此事放在今日也非易事。当年就是依靠脚手架保护，主要使用人工"土法"吊装平移，将华表安全地平移到新的位置。

天安门广场上矗立的人民英雄纪念碑，重达六十余吨，20世纪50年代就是依靠技艺高超的搭材作工匠，配合简单机械用"土法"施工，让几十吨的石碑站立起来。类似的例子有很多，就不一一列举。

搭材作与古建筑营造其他工种也紧密配合，因为古建筑营造的其他工种都需要搭材作工匠帮忙。比如，台基石活的运输、安装，就是由搭材作工匠配合石作工匠完成；砌墙需要搭设脚手架；大木构件安装需要大木围撑架子和大木起重安装架子；油漆、彩画需要搭设椽、望油活脚手架；室内吊井口板天花，天花做地仗、油漆、彩画必须搭设满堂红脚手架、内檐掏空脚手架；屋面施工需要搭设双排齐檐脚手架、正脊脚手架、支杆脚手架、运料脚手架等。可以说营造或维修古建筑，几乎处处需要搭材作的配合。时至今日，虽说搭材的材料发生了根本变化，但搭材作的技艺没有改变，搭材作的重要性和生命力会伴随着社会进步永远传承下去。

第四章
古建筑搭材技艺

第一节　瓦作搭材技艺

1. 屋面双排齐檐脚手架

这是一种设置两排立杆的承重式脚手架，专门用于古建筑屋面施工。高度从两步开始至十余步。双排齐檐脚手架一般要沿屋面檐头搭设。

屋面双排齐檐脚手架一般只在顶层铺设脚手板，加设两道护身栏，设置挡脚板。铺板高度以脚手板上皮至飞椽下皮 200mm 为宜。无飞椽时，距檐椽下皮 200mm 为宜。供操作人员上、下屋面，达到抬脚上房的目的。还可供操作人员向前或向左、右穿线。屋面双排齐檐脚手架不同于木基层落檐脚手架，两者在功能上各不相同，应分别搭设，满足施工工序的需要。

屋面双排齐檐脚手架适用于古建筑坡屋面木望板勾缝、苫抹护板灰、泥背、灰背、瓦瓦及屋面的揭瓦、查补、除草、保养、安装避雷针等修缮工程。

屋面双排齐檐脚手架是古建筑工程最常用的脚手架之一，搭设时立杆间距应为 1500～1800mm；横杆间距应为 1500mm。

屋面双排齐檐脚手架分步数以米为单位按长度计算，步数不同时应分段计算。

屋面双排齐檐脚手架为保证铺设脚手板的高度，在步数分段时可以均分每步的步距，每步可以小于 1500mm，但不能超过 1500mm。也可以只在顶步调整步距，其他步距一致，顶步不足一步时仍按一步计算。

屋面双排齐檐脚手架见图 4-1-1～图 4-1-3。

2. 屋面支杆

也称屋面持杆或屋面吃杆，是专门用于古建筑屋面修缮，附着在瓦面的防滑脚手架。

屋面支杆的大横杆在下，沿屋面曲线平行于檐头铺设，大横杆间距为 1500mm。大横杆搭在筒瓦上（应采取必要的保护措施），但应让开筒瓦接头的位置，为瓦面捉节留出空间。

在大横杆上面固定竖杆，竖杆要对应放在筒瓦之上，让开底瓦的走水当。竖杆应使用短些的铁管，易于形成屋面折线，竖杆采用搭接方法与大横杆固定连接。每道竖杆间距为 4000mm，横、竖杆在屋面上形成交叉的网状架子。靠近正脊的最后一根大横杆要距当勾 200mm，以便搭设正脊扶手盘时使用。

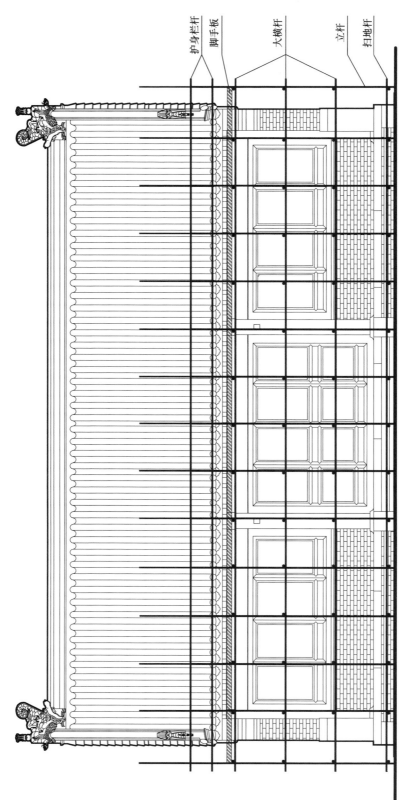

护身栏杆　脚手板　大横杆　立杆　扫地杆

图 4-1-1　三步双排齐檐脚手架—

古建筑搭材技艺

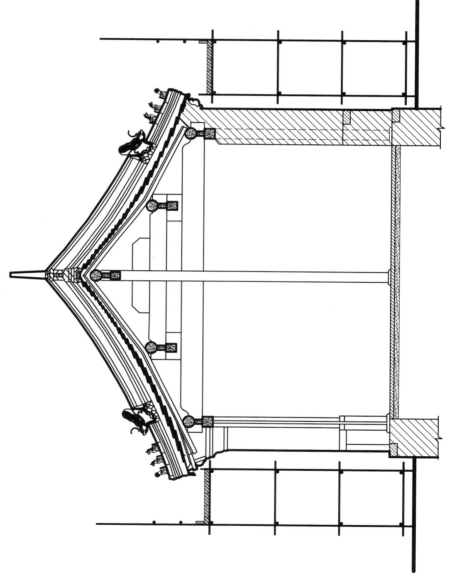

图 4-1-2 三步双排齐檐脚手架二

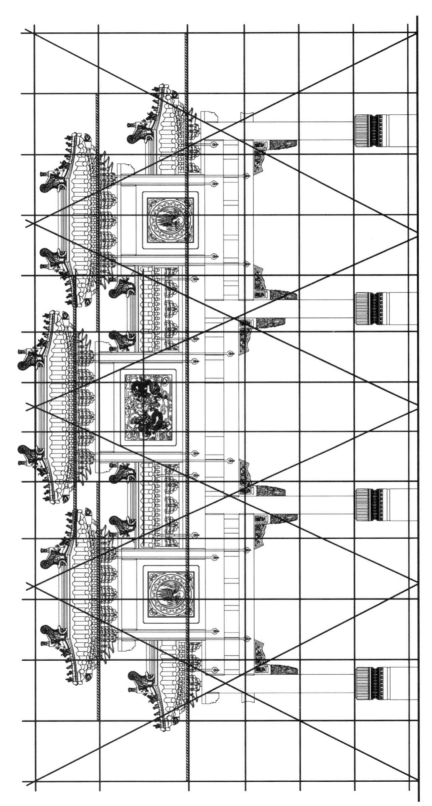

图 4-1-3　牌楼双排齐檐脚手架

古 建 筑 搭 材 技 艺

14

屋面支杆的搭设有两种情形：

第一种是将竖杆的下端在檐头与屋面双排齐檐脚手架或屋面檐头椽、望脚手架的里侧立杆固定，使竖杆不能向下滑动。将这种方法称为"下找结实"。

第二种是檐头无脚手架可以固定竖杆，必须在正脊上支搭骑马架子，用正脊的骑马架子固定支杆的竖杆，使其不能向下滑动。这种方法适用于屋面前后坡长相等，称为"上找结实"。

操作人员工作时借助大横杆可有效地减少打滑的现象，屋面支杆是瓦面维修工作必须搭设的脚手架。

小型的门楼、围墙、垂花门因屋面坡长较短，可不搭设屋面支杆。

屋面支杆以平方米为单位按面积计算。计算规则同瓦面的面积计算规则。

屋面支杆见图 4-1-4、图 4-1-5。

3. 屋面正脊扶手盘

屋面正脊扶手盘是古建筑屋面调正脊或维修正脊时使用的脚手架。

屋面正脊扶手盘要沿屋面正脊两侧设置，借助屋面支杆的竖杆（爬杆），先在两侧绑横杆，在横杆上绑立杆；再铺设小横杆，铺设脚手板。正脊扶手盘就是正脊两侧的工作平台架子，宽度为 1200～1500mm，正脊扶手盘设置两道护身栏。

屋面正脊扶手盘以米为单位按长度计算，一侧长应取正脊吻（兽）外皮至另一侧吻（兽）外皮的水平长。因正脊两侧均要搭设，工程量最终按此长的 2 倍计取。

屋面正脊扶手盘也可用于重檐建筑下层檐的围脊、盝顶建筑围脊、歇山博脊处的施工，但只能在这些建筑的单侧搭设。屋面正脊扶手盘见图 4-1-6～图 4-1-10。

4. 屋面骑马脚手架

当屋面檐头无脚手架时，屋面支杆向下产生滑动，为防止屋面支杆滑动，要在屋面正脊使前后坡的屋面支杆固定，这时，必须搭设骑马脚手架解决屋面支杆的固定问题。屋面支杆与骑马脚手架的竖杆固定，通过支搭屋面骑马脚手架，可使前后坡的屋面支杆形成一个整体，将这种方法称为"上找结实"。

屋面骑马脚手架是将两坡屋面支杆的顺垄杆（竖杆），在屋面正脊连接的一种架子。骑马脚手架可对屋面支杆起到很好的稳定作用。一般体量较小的古建筑（门楼、垂花门、墙帽）不需要搭设屋面支杆脚手架，也就没有屋面骑马脚手架。

屋面骑马脚手架以米为单位按长度计算，其长度就是正脊吻（兽）外皮至另一侧吻（兽）外皮之间的水平长度，见图 4-1-11、图 4-1-12。

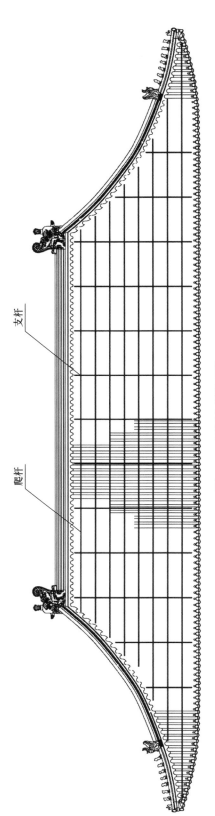

古建筑搭材技艺

支杆

爬杆

图 4-1-4 屋面支杆脚手架一

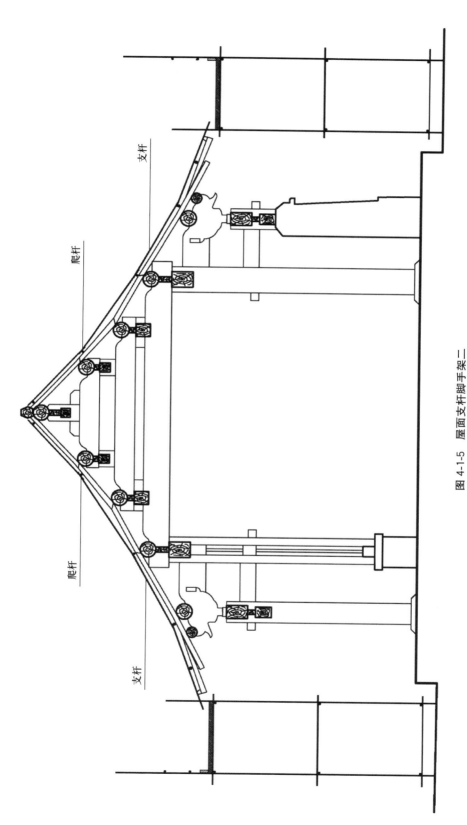

图 4-1-5 屋面支杆脚手架二

支杆

爬杆

爬杆

支杆

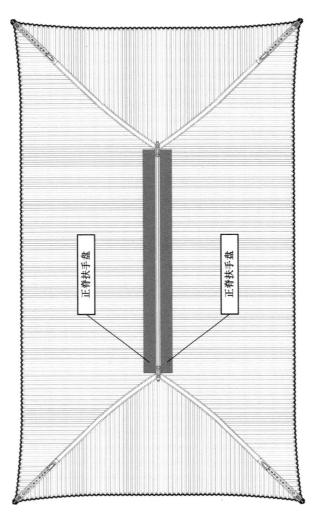

正脊扶手盘

正脊扶手盘

图 4-1-6 庑殿式屋面正脊扶手盘俯视图

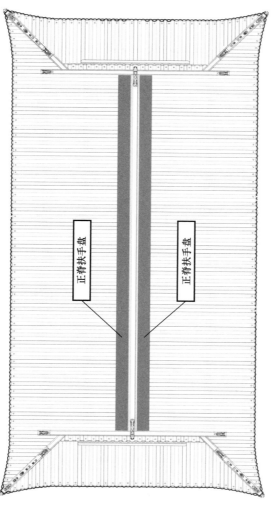

图 4-1-7 歇山式屋面正脊扶手盘俯视图

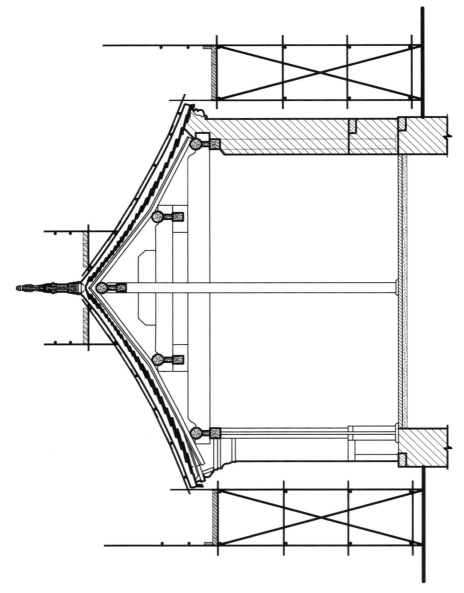

图 4-1-8 屋面正脊扶手盘 (下找结实)

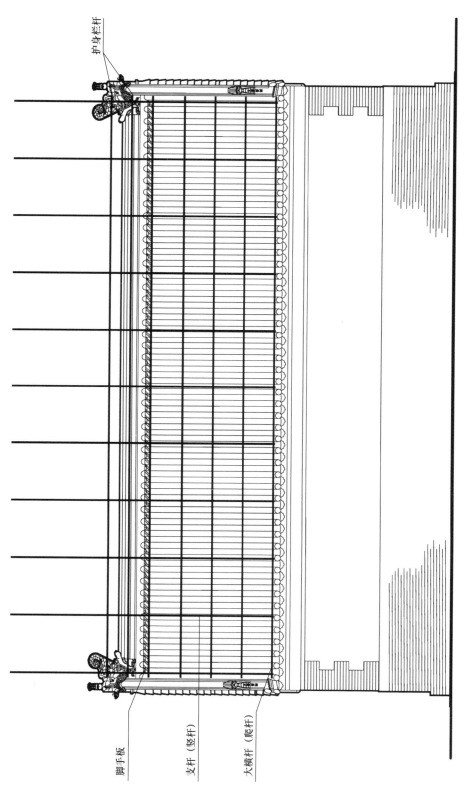

护身栏杆

脚手板

支杆（竖杆）

大横杆（爬杆）

图 4-1-9　屋面正脊扶手盘（上找结实）

21

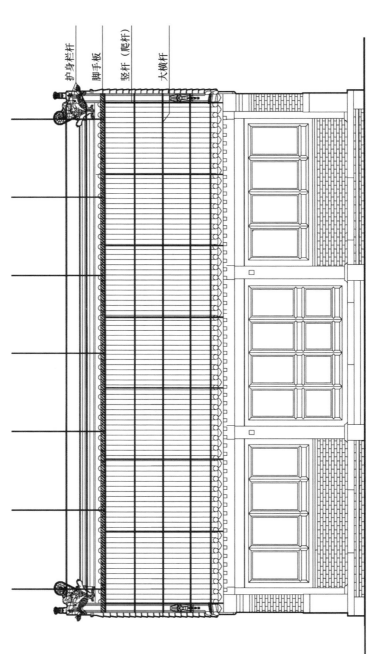

护身栏杆
脚手板
竖杆（爬杆）
大横杆

屋面正脊扶手盘正立面图

图 4-1-10

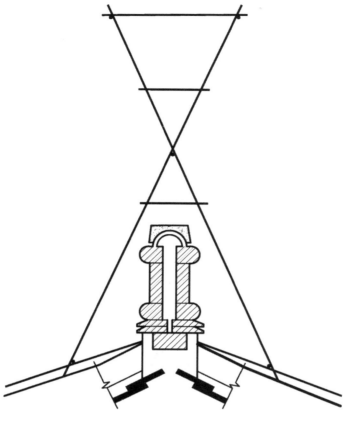

图 4-1-11　屋面骑马脚手架剖面图

5. 屋面檐头倒绑扶手

屋面檐头倒绑扶手是古建筑坡屋面施工时用在檐头的一种安全防护脚手架。当檐头无屋面双排脚手架，就必须在檐头设置倒绑扶手，相当于在檐头绑几道护身栏杆，是防止操作人员跌落的防护架。

屋面檐头倒绑扶手常与屋面支杆共同搭设。一种是檐头无脚手架，屋面支杆采用"上找结实"时，必须搭设屋面骑马脚手架，檐头护栏必须采取悬空倒绑的方法将支杆的竖杆下端探到檐头以外 300mm，并在探头上先绑一道踏脚横杆，用 2000mm 长的铁管作为护身栏杆的立杆（护身栏杆柱子），立杆要高出檐头 1200mm，与踏脚横杆固定。在护身栏立杆上固定一根 2000mm 长的水平拉杆，拉杆另一端与支杆固定，形成一个稳定的三角形。在踏脚横杆向上 300mm 处的立杆上绑第一道护身栏杆，间隔 400mm 绑第二道护身栏杆，间隔 400mm 绑第三道护身栏杆，形成悬空的檐头倒绑扶手护身栏杆。

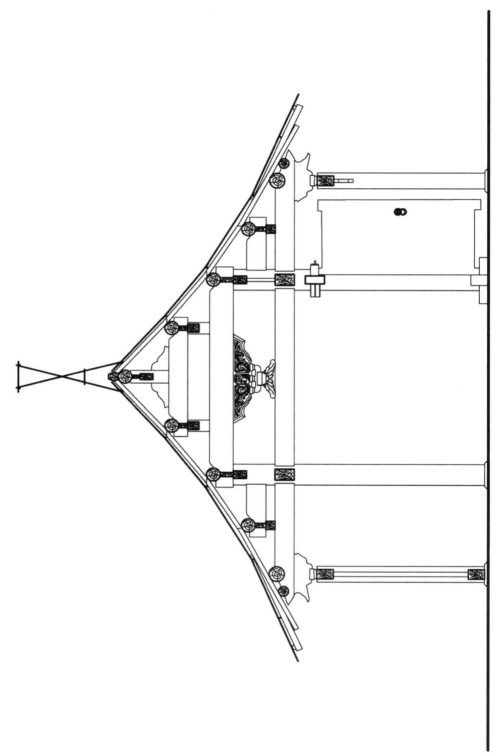

图 4-1-12 屋面骑马脚手架（上找结实）

另一种很简单，当屋面支杆采取"下找结实"时，檐头设有屋面双排齐檐脚手架或屋面双排椽、望油活脚手架时，只需将这些架子的里排立杆加高，高出檐头瓦面 1200mm，把支杆的竖杆下脚与高出瓦面的立杆固定，在立杆上绑三道护身栏杆即可。

檐头倒绑扶手不铺设脚手板，这种护栏架子适用在较低矮的房屋屋面简单维修，如瓦面除尘、打点、查补、除草等。瓦面揭瓦，新作屋面工程时不可以使用檐头倒绑扶手，应使用屋面双排齐檐脚手架。

檐头倒绑扶手以米为单位按檐头长度计算。

硬山式建筑的檐头长按台基面宽方向通长计算。

悬山式建筑的檐头长按山墙台基外边线至另一侧山墙台基外边线的长度计算。

带有翼角翘飞的建筑按照仔角梁端头至另一侧仔角梁端头之间的长，再加上转角的架子宽度计算（转角处不能重复计量）。

檐头倒绑扶手无论采取哪种固定方式，都应单独计量，见图 4-1-13、图 4-1-14。

6. 屋面垂脊、岔脊、角脊、博脊脚手架

是古建筑屋面垂脊、岔脊、角脊、博脊施工时使用的脚手架，可在垂脊、岔脊、角脊两侧铺设脚手板，形成斜形坡道，在脚手板上钉木防滑条，在外侧设置两道护身栏杆，供操作人员调（修）垂脊、岔脊、角脊时使用。垂脊、岔脊、角脊脚手架属于非承重脚手架，铺板宽度一般为 800～1000mm。

垂脊、岔脊、角脊脚手架以米为单位，一侧长度按垂脊、岔脊、角脊的长度计算。一般硬山式或悬山式的垂脊脚手架也要在垂脊的两侧搭设，只是形式略有不同。里侧借助瓦面可不设置护身栏杆、挡脚板。但脚手板不能直接铺设在瓦面，要采取保护瓦面的措施，设置支杆、爬杆。也可只设置小横杆，小横杆下要衬垫软质材料，防止压坏瓦面。

歇山式屋面垂脊、岔脊脚手架要在每条垂脊、岔脊两侧搭设。垂脊外侧借助歇山排山脚手架搭设，里侧与硬山式相同。

庑殿式屋面垂脊脚手架因垂脊的两侧都有瓦面，要在垂脊的两侧搭设。形式与正脊扶手盘相似，脚手板上要钉木防滑条。

庑殿式垂脊脚手架的长是垂脊长的 2 倍。垂脊长指垂脊兽前长与垂脊兽后长之和（垂脊旁昂可忽略不计）。垂脊脚手架属于非承重脚手架。

重檐式建筑下层檐角脊脚手架按庑殿式屋面垂脊脚手架考虑。重檐式建筑的围脊、歇山式屋面博脊也要搭设脚手架，此脚手架可按一侧搭设的正脊扶手盘考虑。

见图 4-1-15～图 4-1-23。

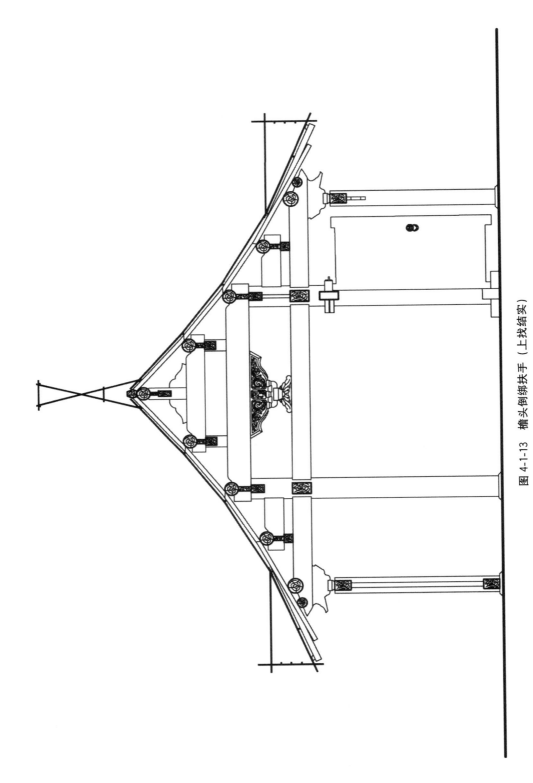

图 4-1-13　檐头倒绑扶手（上找结实）

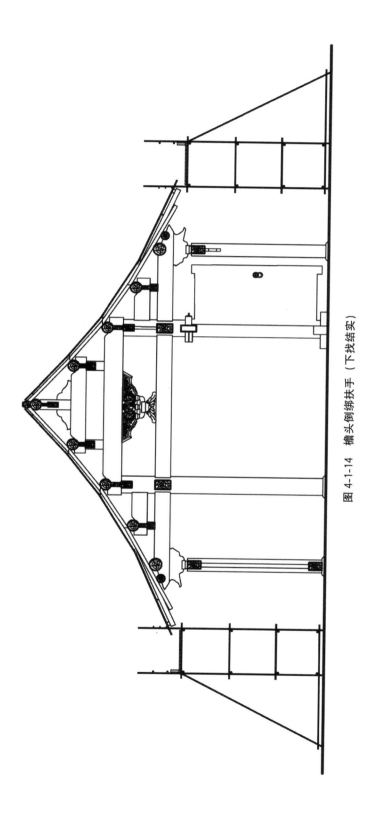

图 4-1-14 檐头倒绑扶手（下找结实）

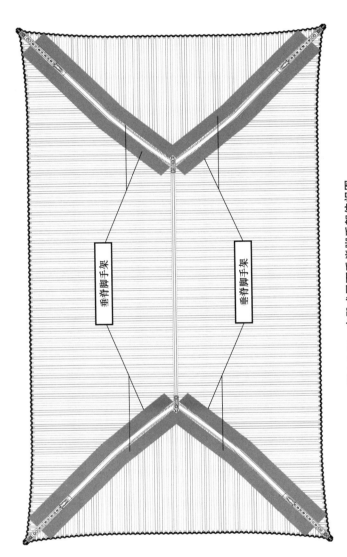

垂脊脚手架

垂脊脚手架

图 4-1-15　庑殿式屋面垂脊脚手架俯视图

古建筑搭材技艺

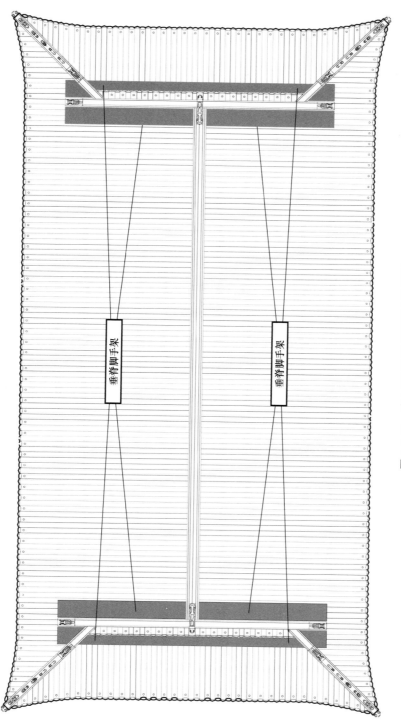

图 4-1-16 歇山式屋面垂脊脚手架俯视图

垂脊脚手架

垂脊脚手架

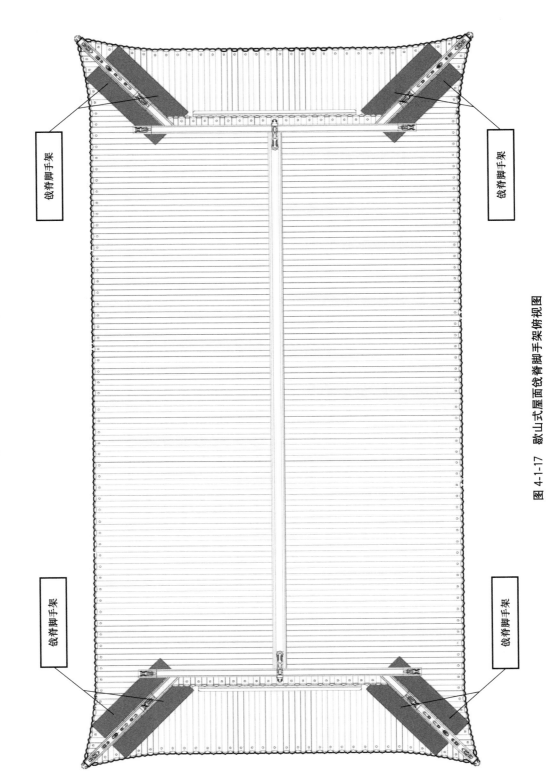

古建筑搭材技艺

戗脊脚手架

戗脊脚手架

戗脊脚手架

图 4-1-17 歇山式屋面戗脊脚手架俯视图

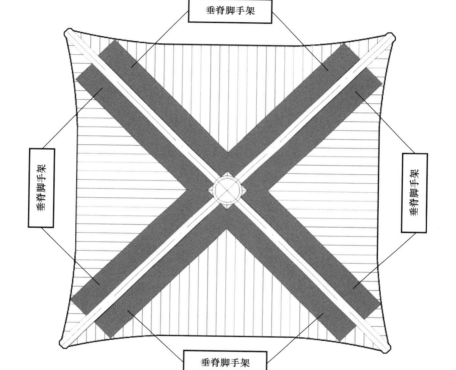

图 4-1-18　攒尖式屋面垂脊脚手架俯视图

垂脊脚手架

垂脊脚手架

垂脊脚手架

垂脊脚手架

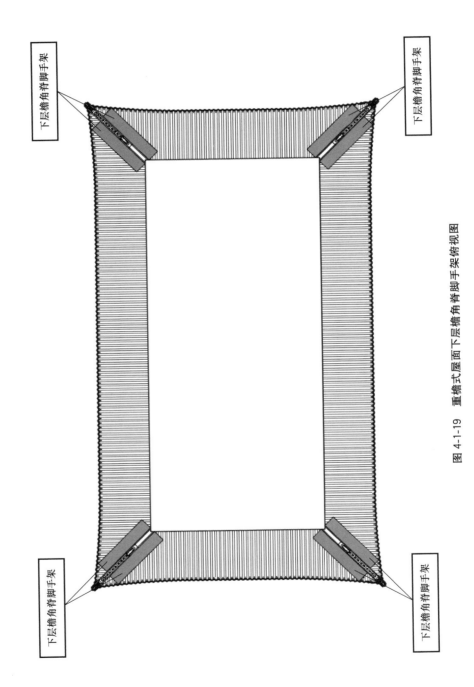

古建筑搭材技艺

图 4-1-19　重檐式屋面下层檐角脊脚手架俯视图

下层檐角脊脚手架

下层檐角脊脚手架

下层檐角脊脚手架

下层檐角脊脚手架

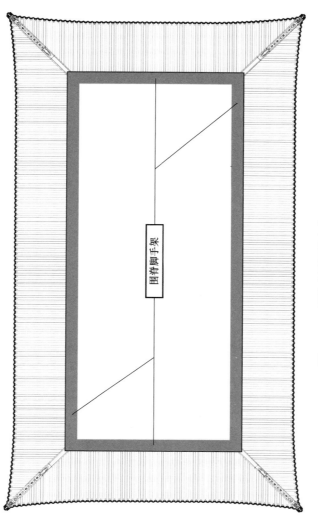

围脊脚手架

图 4-1-20 重檐式屋面围脊脚手架俯视图

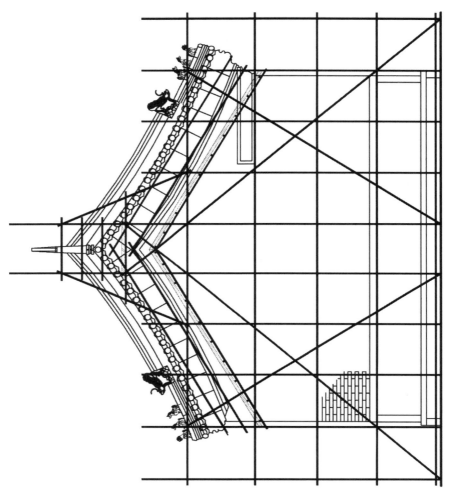

图 4-1-21 垂脊脚手架（一平二切）

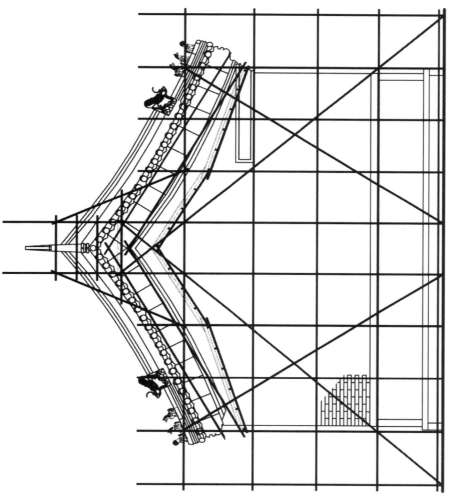

图 4-1-22　垂脊脚手架(一平四切)

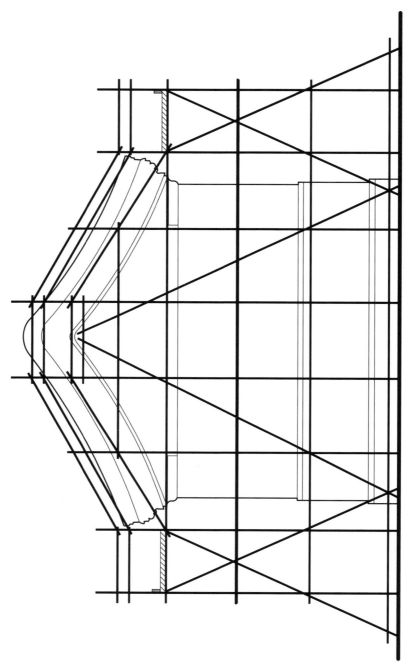

图 4-1-23　硬山墙头脊用排山架子

7. 坡屋面运输马道

坡屋面运输马道是沿着屋面曲线搭设的临时马道，也是可供坡屋面调脊、瓦瓦、人力运输材料使用的斜形坡道。坡屋面运输马道解决了材料运至齐檐架子之后，再运至正脊或屋面的运输问题。坡屋面运输马道上的脚手板要间隔200mm钉一道木防滑条，一般在其两侧不设立杆，不设扶手，宽度约1000mm。坡屋面运输马道多与屋面支杆架共同搭设（也就是坡屋面运输马道的脚手板要压在屋面支杆的爬杆上）。因屋面支杆的竖杆间距较大，一般在两根竖杆之间再附加两道加密的竖杆，宽度约1000mm，竖杆下铺设大横杆（排木），大横杆上再铺设脚手板。脚手板最好采用对头搭接，屋面坡度不适宜时，可采用上下搭接。搭接时，上面的板压住下面的板。坡屋面运输马道多设置在一侧屋面的正中位置。

当建筑物体量较大时，为便于施工，在一个坡屋面有时要搭设多条运输马道。

坡屋面运输马道以米为单位，按长度计算，一条坡屋面运输马道长度是该坡屋面的坡长，见图4-1-24、图4-1-25。

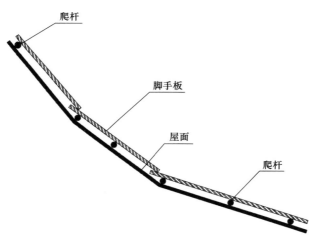

图 4-1-24　坡屋面运输马道示意图一

8. 屋面正吻（兽）脚手架

屋面正吻（兽）脚手架是用于古建筑坡屋面安装或维修正吻（兽）时使用的脚手架。搭设屋面正吻（兽）脚手架时，需要在山面双排外脚手架和正脊扶手盘的基础上搭设立杆，立杆间距为1200mm，后续在正吻（兽）的三面铺设脚手板，形成工作台。当屋面正吻（兽）规格尺寸过大时，脚手架有两步或三步，各步均铺设脚手板。架子高在两步或三步时要搭设立杆，设护身栏、挡脚板，满足正吻（兽）过高时拼装正吻（兽）操作的需要。一般琉璃七样（含）以上的正吻（兽）或布瓦1200mm以上高的正吻（兽）应搭设正吻（兽）脚手架。琉璃六样以上的正吻（兽）维修、打点也应搭

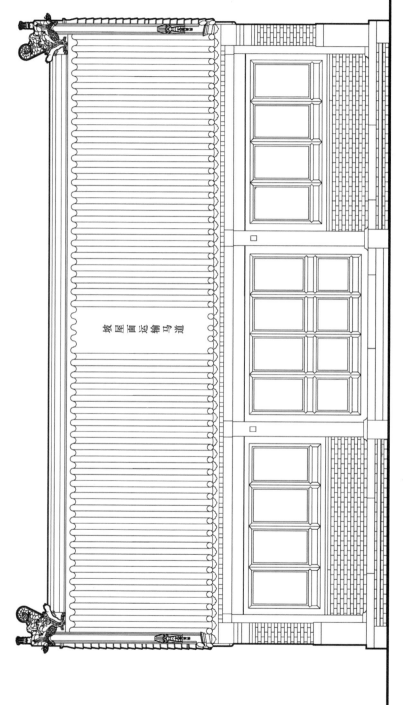

坡屋面运输马道

图 4-1-25　坡屋面运输马道示意图二

设正吻（兽）脚手架。

屋面正吻（兽）脚手架属于承重脚手架。

屋面正吻（兽）脚手架按座计算，每份正吻（兽）需要搭设一座，见图 4-1-26～图 4-1-29。

9. 屋面宝顶脚手架

屋面宝顶脚手架按宝顶高分为 1m 以内和 1m 以外两个档次。

屋面宝顶高为当勾上皮至宝顶珠顶面的垂直高。

屋面宝顶脚手架与屋面正吻（兽）脚手架搭设方法相同，只是脚手板要铺设四方形平面、六方形平面或八方形平面，形成 360°可循环的平台架子，供安放物品、砌筑或维修宝顶时使用。

屋面宝顶脚手架按座计算，每份宝顶为一座。特大形宝顶脚手架要根据宝顶的形状搭成六方或八方，无论平面形状如何变化均为一座。攒尖式古建筑无论屋面宝顶的规格大小，均应搭设屋面宝顶脚手架。屋面宝顶脚手架的生根要与屋面支杆相连，两者应同时存在。

见图 4-1-30～图 4-1-32。

10. 双排外脚手架

双排外脚手架是目前古建工程常见的脚手架之一。双排外脚手架为承重式脚手架，搭设双排立杆，每步高为 1200～1500mm。立杆上设置小横杆，小横杆上铺脚手板，操作层设置一道挡脚板，两道护身栏。双排外脚手架多用于砌筑墙体、墙面剔补、打点、墁干活、抹灰或吊装大木构件时使用。古建筑的墙体砌筑或维修时应在墙体的里侧和外侧同时搭设双排外脚手架。

双排外脚手架按步数变化分为十余档。双排外脚手架多在架子底部设置野戗，步数过多时，应与建筑物设置可靠的拉接或加设缆风绳。

双排外脚手架以米为单位按长度计算，转角处不能重复计算，见图 4-1-33。

11. 单排外脚手架

单排外脚手架是承重式脚手架，只设置一排立杆，小横杆的一端伸入墙体内，立杆、大横杆、小横杆间距均与双排外脚手架相同。单排外脚手架多用于墙体砌筑，随步数需要预留脚手眼，单排外脚手架一般不超过十步。单排外脚手架安全性、稳定性远不及双排外脚手架。古建筑的墙体砌筑时可在墙体的里侧和外侧同时搭设单排外脚手架，单排外脚手架多在架子底部加设野戗。

单排外脚手架以米为单位按长度计算，见图 4-1-34。

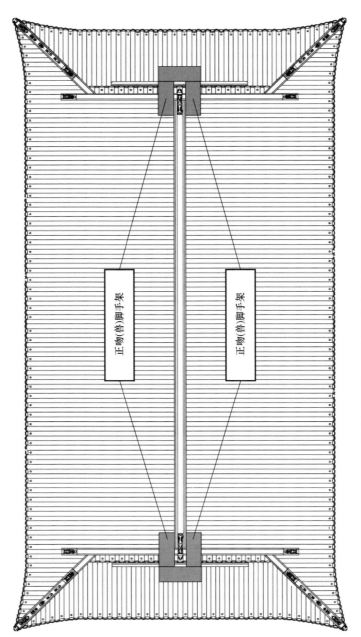

正吻(兽)脚手架

正吻(兽)脚手架

图 4-1-26 歇山式屋面正吻（兽）脚手架俯视图

古建筑搭材技艺

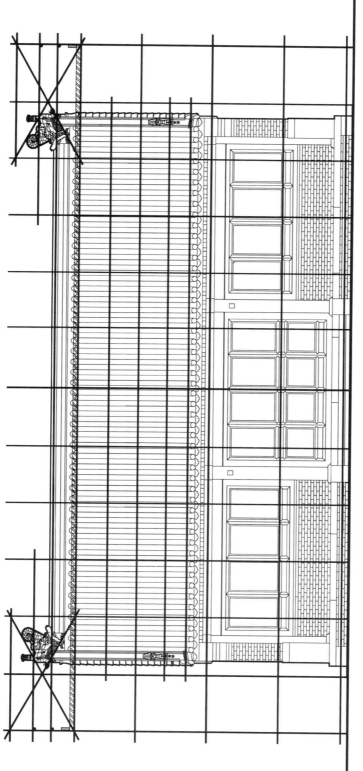

图 4-1-27 正吻（兽）脚手架一

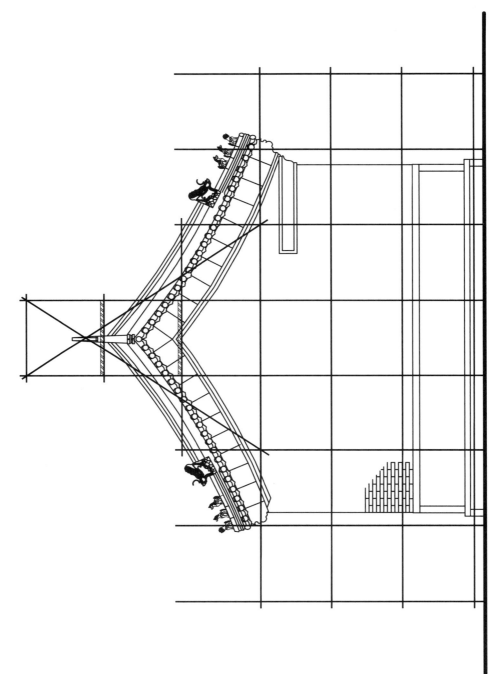

图 4-1-28 正吻（兽）脚手架二

古建筑搭材技艺

42

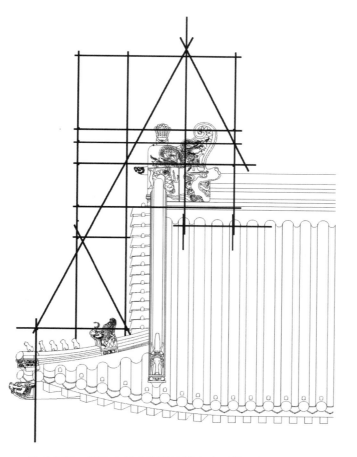

图 4-1-29　借歇山排山架子续搭正吻（兽）安装脚手架

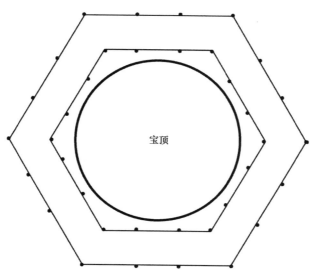

宝顶

图 4-1-30　屋面宝顶脚手架平面示意图

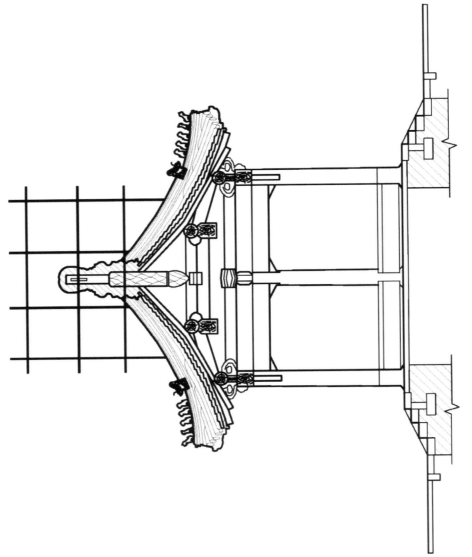

图 4-1-31　屋面宝顶脚手架剖面图

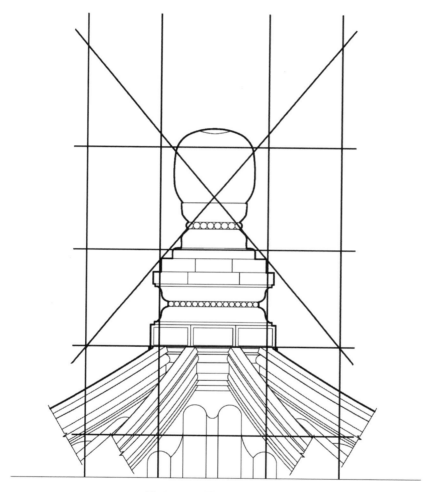

图 4-1-32　屋面宝顶脚手架

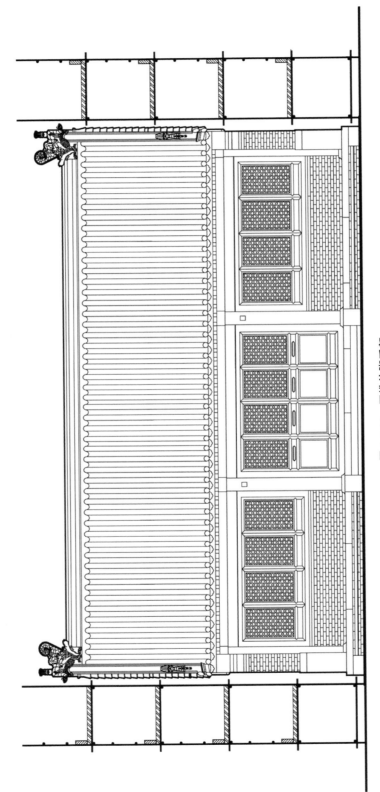

图 4-1-33　双排外脚手架

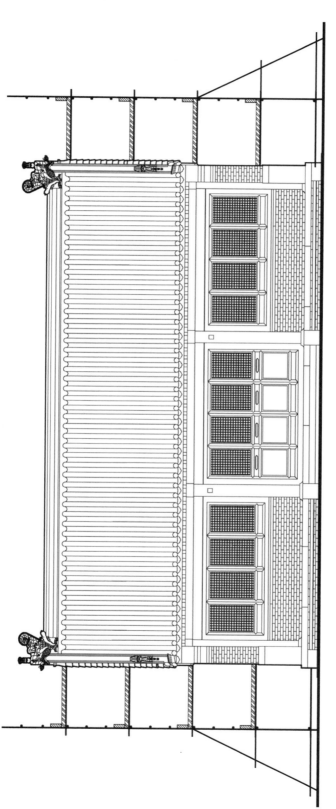

图 4-1-34　单排外脚手架

12. 城台单排坐车戗脚手架

该架子是适用于收升较大的城台、城墙施工的专用脚手架。构造特点是随着墙体收升，在适当位置（双排立杆的里侧）设置下脚落地与墙面平行的斜立杆。斜立杆依靠小横杆与外侧斜戗连接，斜立杆里侧铺设脚平板。为防止架子向里倾斜，需把进深方向的戗绑扎成具有一定重量的台式架（简称坐车），附着在主体架的外部，使主体架的重心向外移，保证主体架在里排倒头的情况下仍然稳定。坐车戗要沿主体架外侧搭设，在距离与墙面平行的斜立杆 4m 处设置立杆，立杆靠大横杆连接，再用水平横杆与垂直立杆连接。也就是在外侧再搭设一排相当于主体架子一半高（约三步）的单排架子。

城台单排坐车戗脚手架步距以 1500mm 为宜，立杆间距为 1500～1800mm，若为墙面抹灰、刷浆、剔补、打点时，步距宜为 1800mm。小横杆和脚手板等都要距墙面 200mm 以内，不要与墙体直接接触。

城台单排坐车戗脚手架属于承重式脚手架，施工层要求铺满脚手板，设置一道挡脚板，两道护栏。为保证悬挑式脚手架的稳定性，沿架子进深方向要加设剪刀撑、斜撑，搭设架子一般不超过十步。

城台单排坐车戗脚手架分步数按实际搭设的长度，以米为单位计算，长度取架子外排立杆的长度，步数不同时，要分别计算，见图 4-1-35。城台上的建筑物施工不能使用城台单排坐车戗脚手架。

13. 城台双排坐车戗脚手架

城台双排坐车戗脚手架是在双排外脚手架里侧，加设一排与墙体平行的斜杆，其他构造与单排坐车戗脚手架相同。双排坐车戗脚手架用于砌筑墙体时，步距取 1200mm 为宜。双排坐车戗脚手架用于更高的施工部位，承重性、稳定性优于单排坐车戗脚手架，搭设高度可达十余步。外排立杆应加设剪刀撑。城台双排坐车戗脚手架还有其他几种型式。

城台双排坐车戗脚手架计量单位和计算方法与城台单排坐车戗脚手架相同。城台上的建筑物施工不能使用城台双排坐车戗脚手架。

城台双排坐车戗脚手架见图 4-1-36～图 4-1-38。

14. 屋面歇山排山脚手架

它是专门用于歇山式屋面撒头部位施工的脚手架，是在歇山侧立面双排齐檐脚手架的基础上，借助双排架子演变成的一种特殊脚手架。歇山排山脚手架借用双排齐檐架子里排立杆继续加高，此立杆与山花博缝位置之间再加设一排或两排立杆，立杆间距和横杆间距为 1200～1500mm，形成歇山侧立面屋面上的双排外脚手架。加设的一

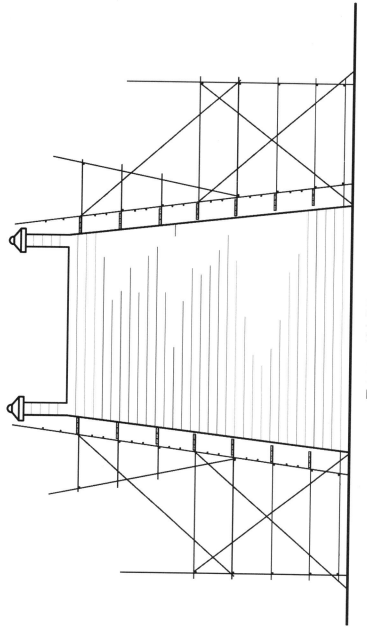

图 4-1-35 城台单排坐车戗脚手架

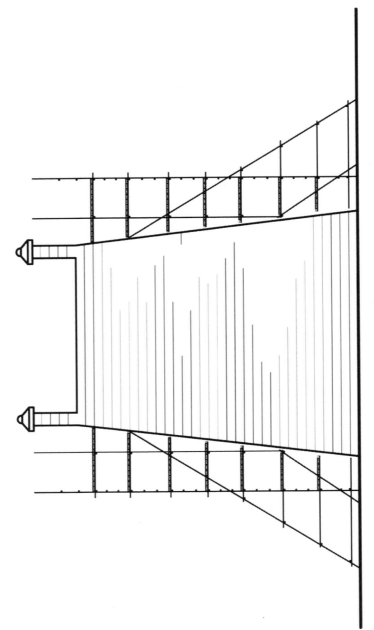

图 4-1-36 城台双排坐车钱脚手架一

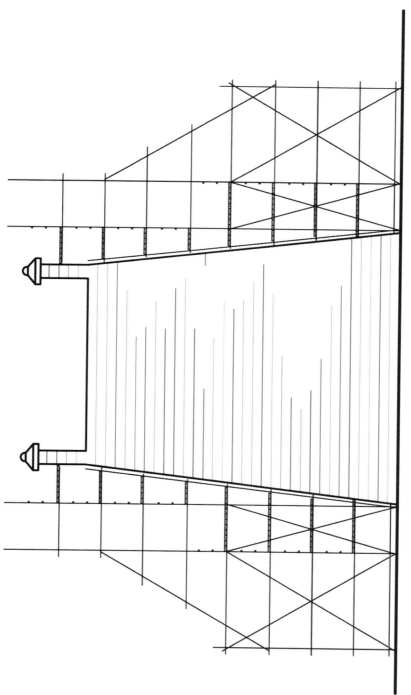

图 4-1-37 城台双排坐车铰脚手架二

51

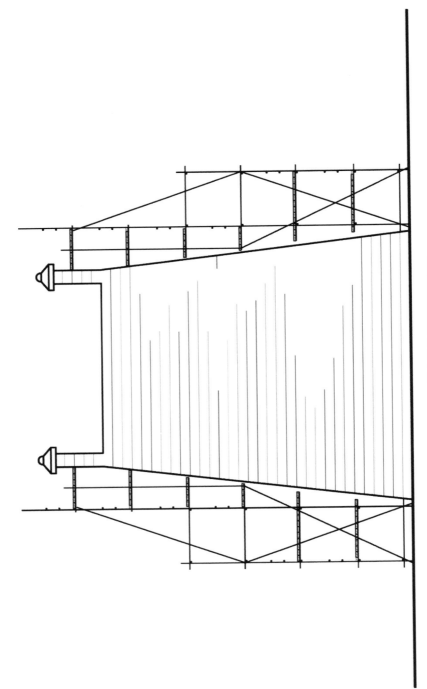

图 4-1-38　城台双排坐车戗脚手架三

排或两排立杆下脚落在撒头瓦面上。歇山排山脚手架有两个作用，第一，可供维修或调垂脊，安装垂兽使用，这时要沿屋面坡度搭设斜坡道，坡道设置两道护身栏、一道挡脚板，在坡道上钉木防滑条；第二，拆除斜坡道后，逐层铺设脚手板，各层加设两道护身栏、一道挡脚板，供山花博缝部位做地仗、油漆使用。

歇山排山脚手架分步数以座为单位计算，歇山式屋面的每个撒头处为一座。步数的计算以博脊根部的横杆起为一步，当博脊上面有两步时，实际应按三步计算，以此类推。歇山排山脚手架见图 4-1-39～图 4-1-45。

15. 房屋罩棚

是为保护古建筑在施工过程中免遭风雨侵蚀而搭设的工作大棚，单体古建筑可完全被罩棚遮盖。房屋罩棚多与檐头外架相连，起脊呈两坡顶，多用架子管搭成人字屋架的形式，下弦要高出正脊 500mm 左右。房屋罩棚的立杆间距和横杆间距均为1500mm，屋顶铺设（扎牢）防护铁皮，达到防雨、防晒的目的。

房屋罩棚按台明外围水平投影面积以平方米为单位计算。无台明时按围护结构外围水平投影面积计算，见图 4-1-46～图 4-1-48。

16. 基础运输道脚手架

基础运输道脚手架是一种方便基础施工的，用在运输道的脚手架。无论古建筑的独立磉墩基础，还是现代的条形基础、满堂红基础，经常要搭设基础运输道。基础运输道是在基坑范围内，沿建筑物的面宽和进深方向搭设的多条运输通道，供手推车或人力运输材料使用。基础运输道脚手架一般搭设一步或两步。要搭设双排立杆，通道上满铺脚手板，脚手板要对头搭接，铺板宽度 1000～1500mm，不设置挡脚板、护身栏、扫地杆。

基础运输道脚手架的立杆、大横杆、小横杆的搭设要求均与双排外脚手架搭设要求相同，是一种承重式脚手架。

基础运输道脚手架以米为单位按长度计算，见图 4-1-49、图 4-1-50。

17. 屋面支戗马子架

是屋面瓦作常用的一种脚手架。只搭设单排柱（立杆），但能起到双排架的作用。是多用在单层房屋檐头修缮、揭瓦檐头、屋面瓦瓦的脚手架，也是一种简化的双排齐檐脚手架。搭设简单，将斜戗上端支靠在建筑物的墙体，并加设一道戗头拉杆，代替里排架，支顶的戗杆斜置与外排立杆固定，顶部的拉杆与戗头拉杆平行。小横杆（排木）一头搭在顶部拉杆与戗头拉杆之上，另一端与柱固定，小横杆上铺脚手板。护身栏与挡脚板设置同双排齐檐脚手架。支戗马子架的每个立杆（外排立柱）都要加设斜戗杆，支戗马子架属于承重式脚手架。

屋面支戗马子架按长度以米为单位分步数计算，见图 4-1-51。

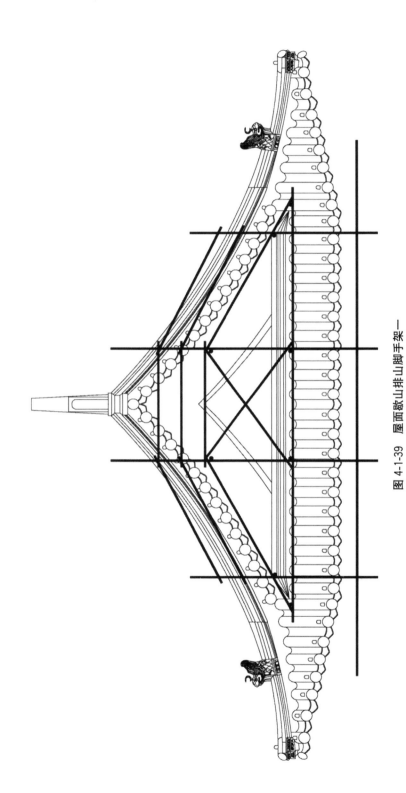

图 4-1-39　屋面歇山排山脚手架一

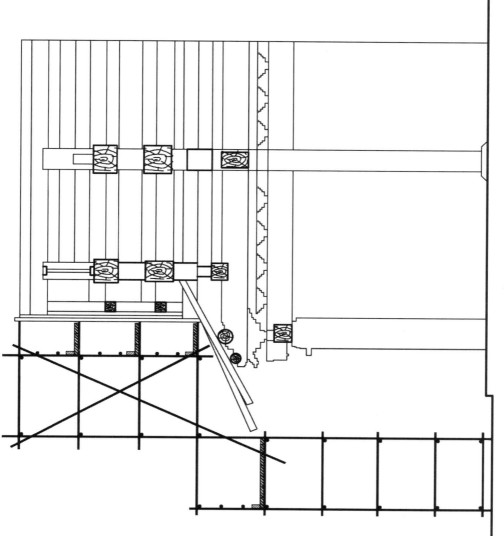

图 4-1-40 屋面歇山排山脚手架二

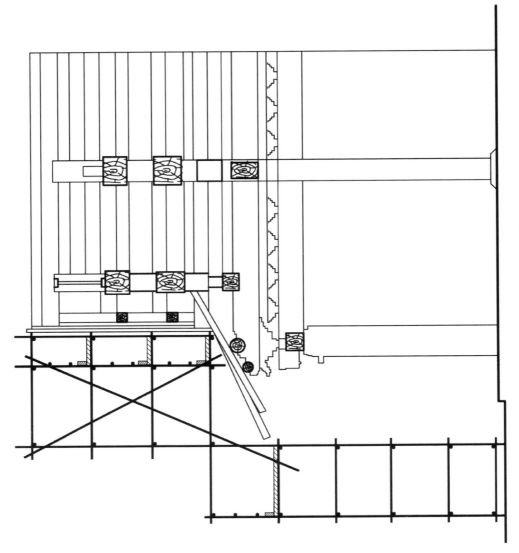

图 4-1-41 屋面歇山排山脚手架三

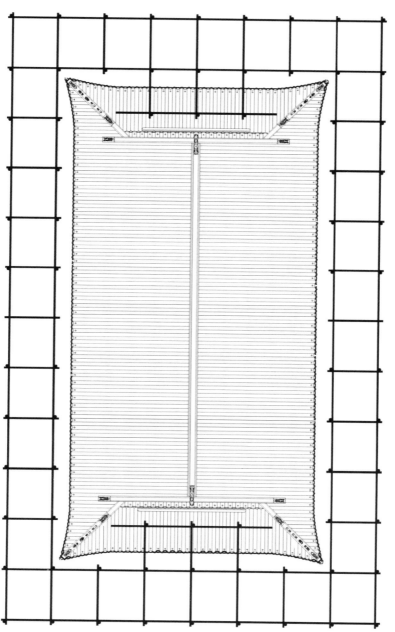

图 4-1-42　屋面歇山排山脚手架俯视图一

古 建 筑 搭 材 技 艺

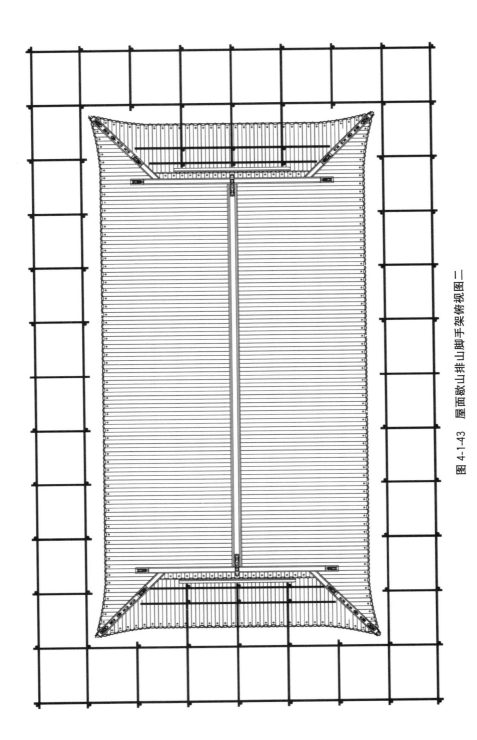

图 4-1-43 屋面歇山排山脚手架俯视图二

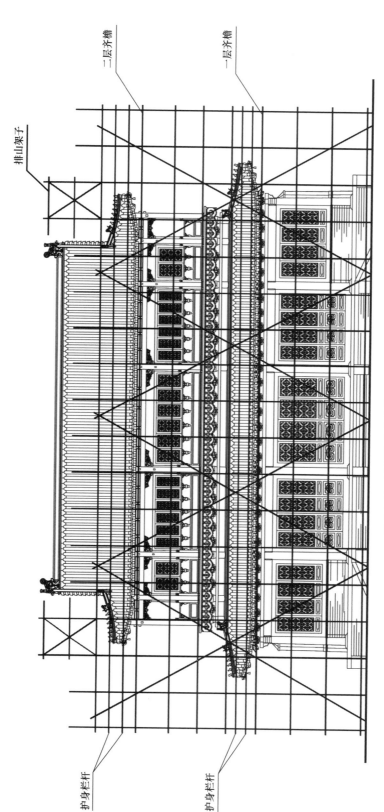

图 4-1-44　重檐歇山式建筑正立面排山脚手架

二层齐檐

一层齐檐

排山架子

护身栏杆

护身栏杆

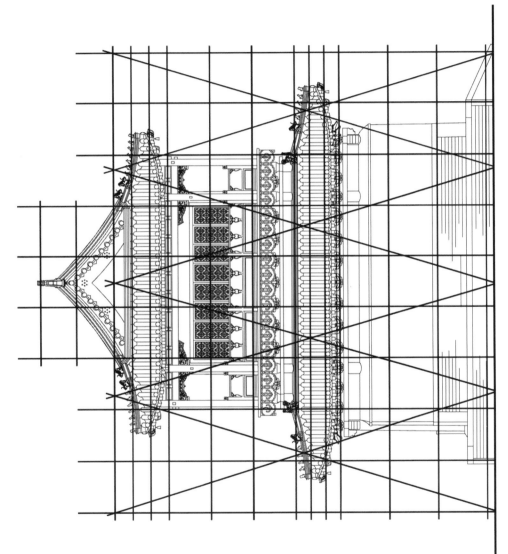

图 4-1-45　重檐歇山式建筑侧立面排山脚手架

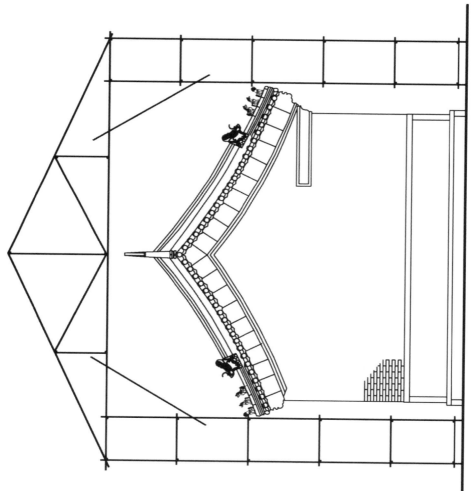

图 4-1-46 房屋罩棚

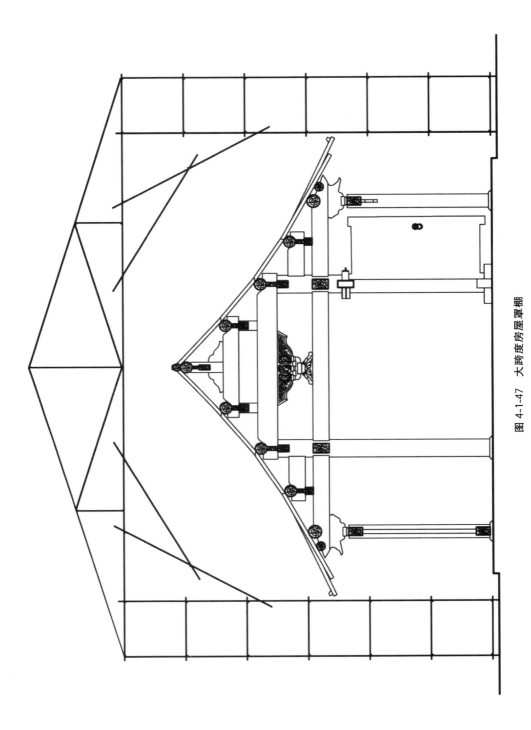

图 4-1-47 大跨度房屋罩棚

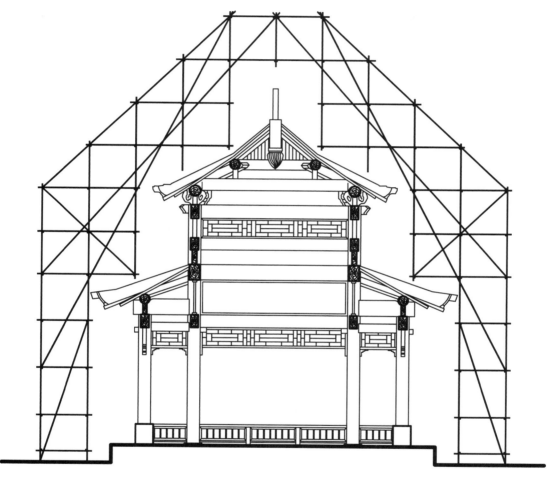

图 4-1-48　重檐建筑大跨度房屋罩棚

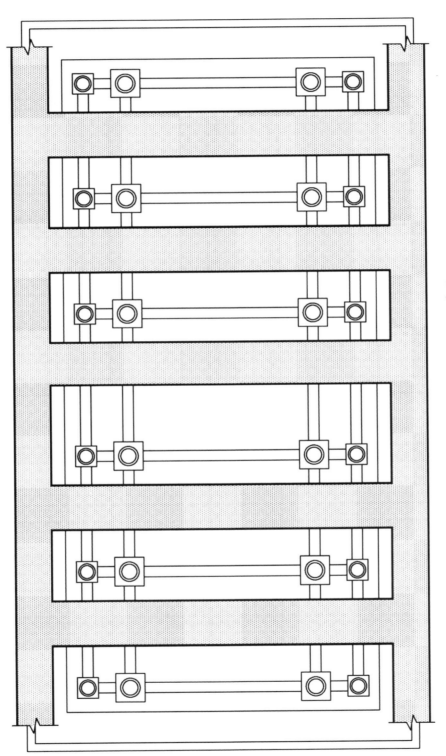

图 4-1-49　基础运输脚道脚手架平面示意图

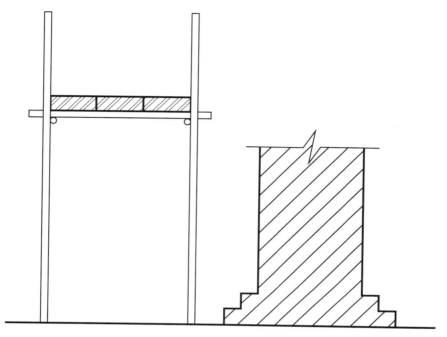

图 4-1-50 基础运输道脚手架立面图

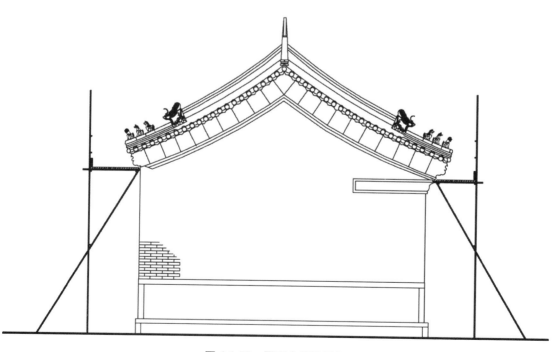

图 4-1-51 屋面支戗马子架

第二节　木作搭材技艺

1. 大木安装围撑脚手架

大木安装围撑脚手架是古建筑大木安装时的专用脚手架，沿大梁进深方向搭设大横杆，竖直方向搭设立杆及斜戗，每榀梁架的两侧都要搭设，并与大木梁架连接，防止大木梁架在未安装枋、檩时失稳。大木安装围撑脚手架可以起到稳固梁架的作用，是人工安装大木构件时必须搭设的脚手架。

大木安装围撑脚手架以平方米为单位，按面积计算。面积以外檐柱外皮连线里侧所围面积计算，其高度以檐柱高为准。

大木安装围撑脚手架见图4-2-1、图4-2-2。

2. 大木安装起重脚手架

大木安装起重脚手架是人工"土法"安装大木构件时必须使用的起重脚手架。古建筑的大梁、枋、檩很重，要借用这种脚手架起重、提升。大木安装起重脚手架是在大木安装围撑脚手架基础上进行加高、加固，在与大梁平行的两侧搭设两排立杆，立杆要在梁顶部设置起重横梁。起重横梁的高度要超过脊檩或扶脊木的高度，保证使用工具或机械有足够的操作空间，横梁上拴捯链等小型起重设备，达到对大木构件"土法"垂直运输的目的。大木安装起重脚手架以座为单位计算，每份梁架在两侧的搭设为一座，排山梁架与正身梁架相同，也为一座。攒尖式的六方亭及六方亭以上按两座计算，圆形攒尖建筑的亭子同六方亭（大型的阁、圆形的殿除外）。

大木安装起重脚手架见图4-2-3～图4-2-5。

3. 卷扬机起重架

卷扬机起重架也称吊篮起重架。一般沿双排外脚手架外侧搭设，平面呈矩形，是利用卷扬机垂直运输物料的架子。卷扬机起重架的卷扬机多设置在离开吊篮架十余米的位置，卷扬机后端用地锚固定。在吊篮架顶端设置天轮木，在天轮木下面正中和端部挂两个定滑轮，在紧邻吊篮架外地面上也挂一个定滑轮，钢丝绳的一端与吊篮拴牢，通过钢丝绳的卷绕，使在架内的吊篮升降。在各施工层设置与外脚手架相连的水平运输道，当吊篮升到施工层时，利用架体设置的滚杠，托住吊篮，人工将吊篮上的手推车或重物推移至施工层，达到机械提升、起重的目的。卷扬机起重架在三层或四层高时，还要在各转角处设置缆风绳，保证架体的稳定性。卷扬机起重架的立杆间距和横杆间距为1200～1500mm。高度较大的卷扬机起重架可在转角处设置双立杆，保证架体的稳定与安全。

卷扬机起重架见图4-2-6～图4-2-9。

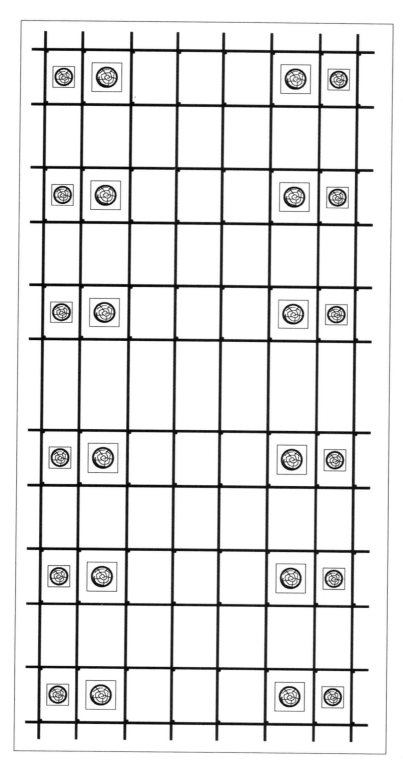

图 4-2-1　大木安装围撑脚手架平面示意图

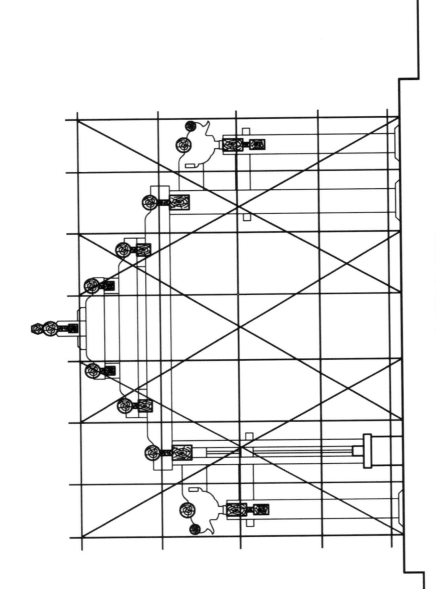

图 4-2-2　大木安装围撑脚手架剖面图

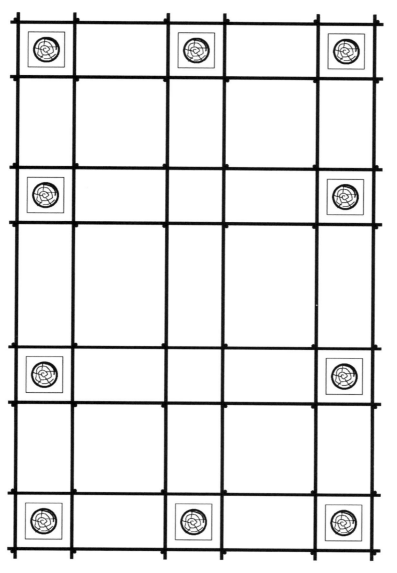

图 4-2-3　大木安装起重脚手架平面示意图

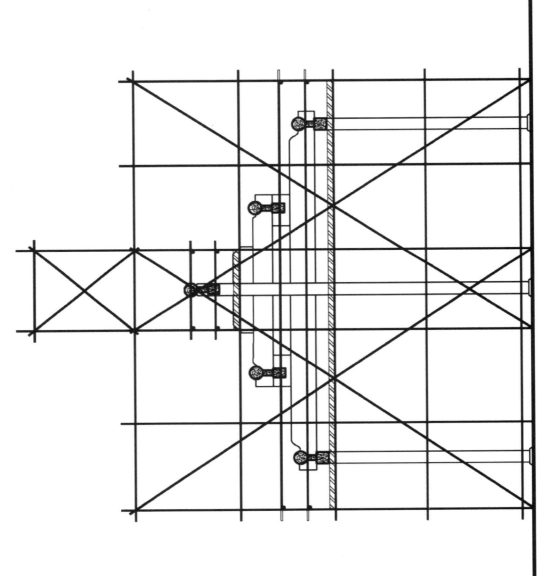

图 4-2-4　大木安装起重脚手架剖面图

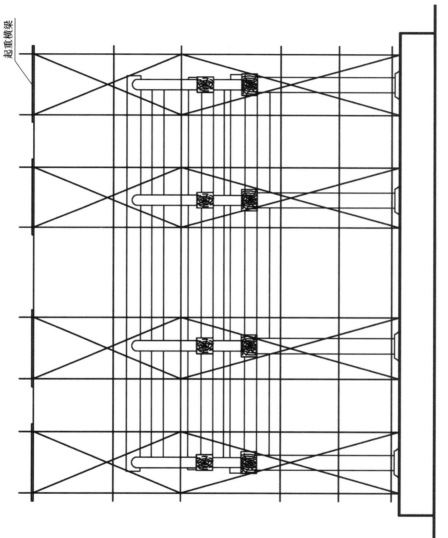

图 4-2-5　大木安装起重脚手架立面图

起重横梁

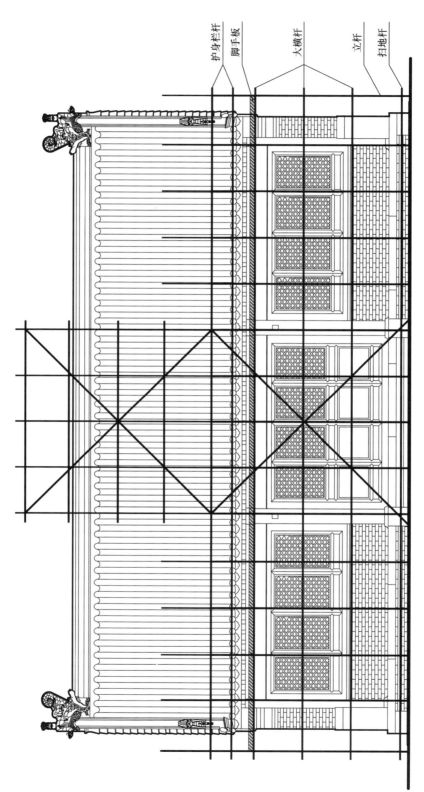

护身栏杆

脚手板

大横杆

立杆

扫地杆

图 4-2-6 卷扬机起重架正立面图

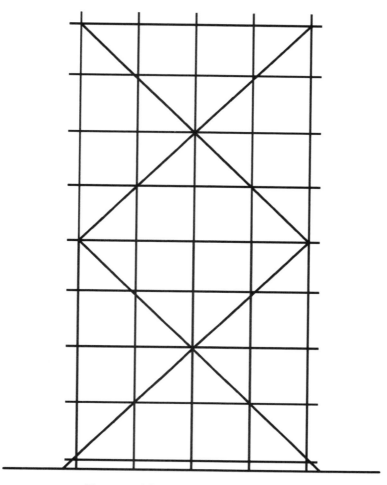

图 4-2-7　卷扬机起重架正立面图（局部）

卷扬机起重架搭设按座为单位计算。座是卷扬机起重架设置的个数，不是建筑物的座数。大型古建筑（如长城）或围墙施工可能会设置多座卷扬机起重架。一般三间、五间的建筑多设置一座即可满足使用要求。大型的歇山或庑殿式建筑多在前、后坡各设置一座卷扬机起重架，缩短水平运输的距离。

4. 屋面落檐脚手架

屋面落檐脚手架是用于古建筑大木构件的平板枋安装、斗栱安装和檐步檩、垫板、枋、木基层的檐椽、飞椽、望板安装，或对这些部位进行维修时使用的一种专用脚手架。

屋面落檐脚手架的搭设方式与屋面双排齐檐脚手架相同，属于承重式脚手架，只是顶层铺板高度不同。铺板高度与檐步额枋上皮平齐，或者距飞椽下皮 500～600mm 为宜。

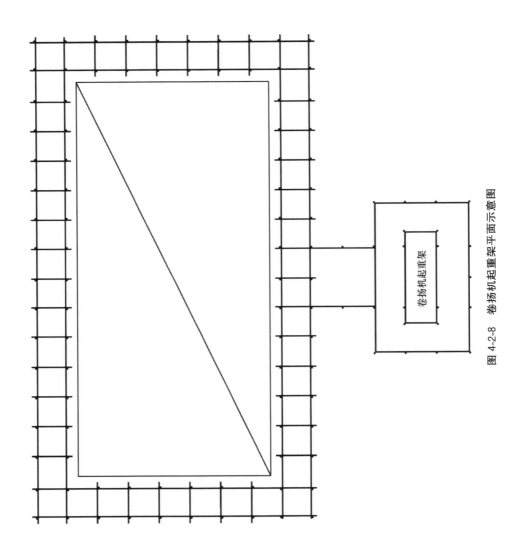

图 4-2-8 卷扬机起重架平面示意图

古建筑搭材技艺

卷扬机起重架

74

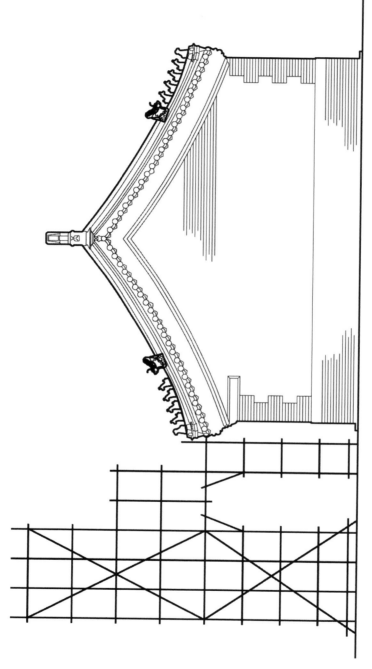

图 4-2-9　卷扬机起重架侧立面图

屋面落檐脚手架以米为单位按长度计算。

屋面落檐脚手架，为保证铺板位置的高度，其下步数的计算与屋面双排齐檐脚手架相同，见图 4-2-10。

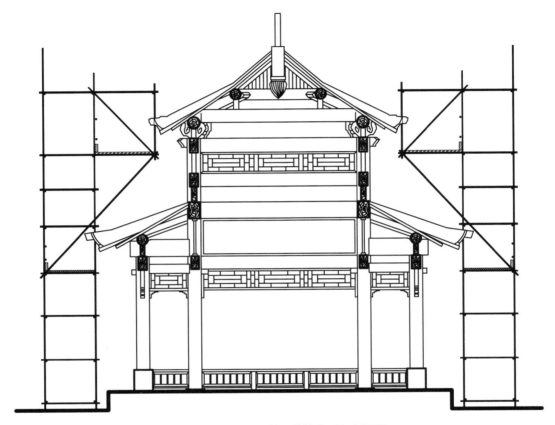

图 4-2-10　屋面木基层落檐脚手架剖面图

5. 两木搭与三木搭

两木搭与三木搭都是起重时使用的简易架。以三木搭为例，将三根杉篙或三根铁管的上端捆绑在一起，立在地面，将其下端劈开成等距离的三条腿，利用三角形的稳定性，自然站立，成为三角形架子。当被起重的物体重量较大时，常在每两个斜腿上绑一道顺水杆，共绑三根，在一个平面上有三根顺水杆（顺水杆可以起到很好的稳定性）。当被起重的物体重量很大时，可设置两道顺水杆。三根斜腿上端捆绑一个捯链，利用捯链可升降的原理，对捯链下边的重物进行垂直提升，达到起重的目的。两木搭做法同三木搭，将两根杉篙或铁管上端捆绑在一起，形成一个"人"字形，做出多个这样的"人"字形，然后用一道顺水杆将各个"人"字形顶端串联起来，构成立体的稳定结构。两木搭至少由两个"人"字形加上顶端的顺水杆，才能稳定。在顶端的顺水杆上捆绑捯链对重物进行垂直升降。

　　三木搭与两木搭按座计算。当一组两木搭由两个"人"字组成时，按两个计算。当一组两木搭由三个"人"字组成时，按三个计算。顺水杆的多少与计算无关。

　　两木搭、三木搭示意图见图 4-2-11、图 4-2-12。

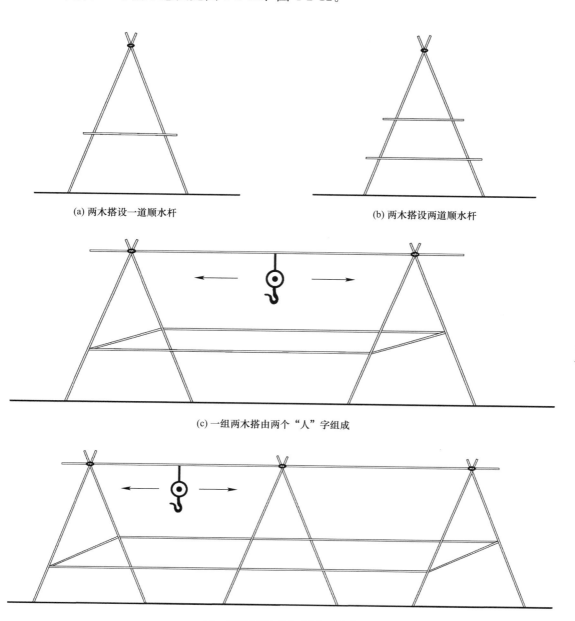

(a) 两木搭设一道顺水杆

(b) 两木搭设两道顺水杆

(c) 一组两木搭由两个"人"字组成

(d) 一组两木搭由三个"人"字组成

图 4-2-11　两木搭示意图

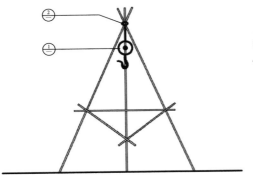

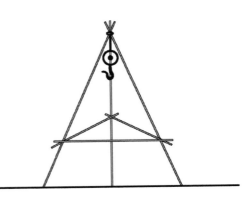

(a) 三木搭设一道顺水杆

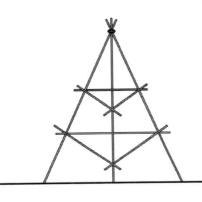

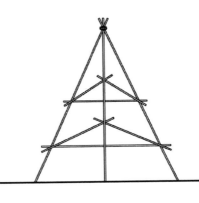

(b) 三木搭设两道顺水杆

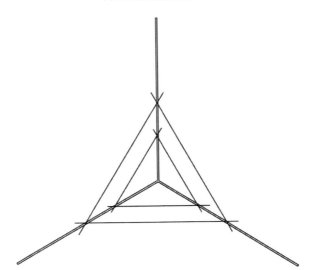

(c) 三木搭设两道顺水杆(俯视图)

图 4-2-12　三木搭示意图

第三节　油漆、彩画搭材技艺

1. 屋面双排椽、望油活脚手架

屋面双排椽、望油活脚手架是一种专门用于古建筑檐头椽、飞椽、望板、连檐、瓦口、檐头一檩三件做地仗、油漆或彩画的脚手架。

屋面双排椽、望油活脚手架设置两排立杆，是一种非承重式脚手架。单层檐古建筑的双排椽、望油活脚手架一般有一步或两步高。屋面双排椽、望油活脚手架一般沿外檐椽、望所在位置搭设。多层檐的古建筑各层檐头都要搭设屋面双排椽、望油活脚手架。

屋面双排椽、望油活脚手架只在顶层满铺脚手板，加设两道护身栏杆，设置挡脚板。铺板高度以脚手板上皮至飞椽下皮 1800mm 为宜。无飞椽时，以脚手板上皮至檐椽下皮 1800mm 为宜。屋面双排椽、望脚手架供操作人员站立工作时，可轻易达到对大连檐、瓦口、椽头、檐头椽望施工操作的高度。屋面双排椽、望油活脚手架的立杆间距和横杆间距同屋面双排齐檐脚手架。

屋面双排椽、望油活脚手架均分步按檐头长度，以米为单位计算。

其中，硬山式建筑屋面双排椽、望脚手架的长按台基面宽方向的通长计算。

悬山式建筑屋面双排椽、望脚手架的长按山墙台基外边线至另一侧山墙台基外边线的长度计算。

带有翼角翘飞的建筑按照仔角梁端头至另一侧仔角梁端头之间的水平连线长，再加上转角的架子宽度计算（转角处不能重复计算）。

柱出头式牌楼按照外边柱外皮至另一侧外边柱外皮之间的水平距离计算。

柱不出头式牌楼按照带有翼角翘飞的建筑计算。

为保证铺板位置的高度，屋面双排椽、望油活脚手架的步数计算，与屋面双排齐檐脚手架步数计算相同。

屋面双排椽、望油活脚手架见图 4-3-1～图 4-3-5。

2. 内檐及廊步装饰掏空脚手架

内檐装饰掏空脚手架，是搭设于室内的一种装修脚手架。传统建筑大多为起脊的坡屋顶房屋，室内多不做吊顶。室内空间随着梁架的变化，会形成一个尖顶的空间。传统建筑的内檐装修，如对五架梁、瓜柱、三架梁和檐、金、脊步的檩、垫板、枋等做地仗、刷油漆或绘制彩画，就必须用内檐掏空脚手架。这种架子的特点是铺板高度不在同一平面，而是随大木梁架的高低变化，铺脚手板高度也随之变化，满足在不同

79

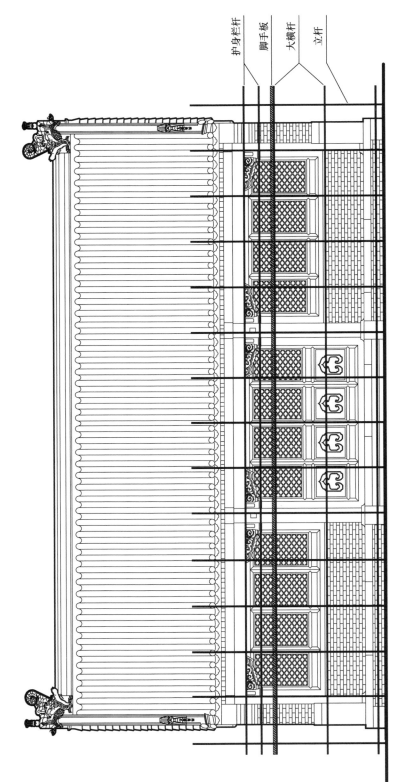

护身栏杆
脚手板
大横杆
立杆

图 4-3-1　二步双排椽、望油活脚手架立面图

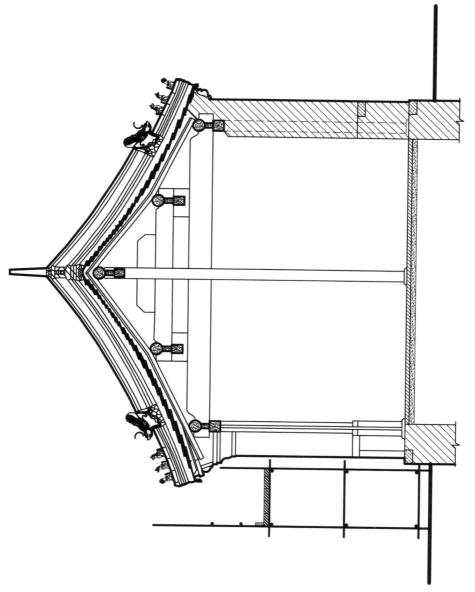

图 4-3-2 二步双排椽、望油活脚手架剖面图

第四章 古建筑搭材技艺

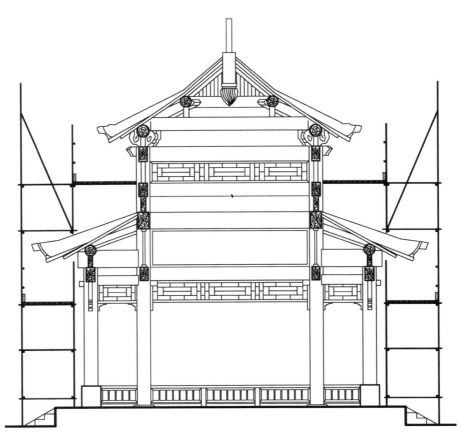

图 4-3-3　重檐四方亭橡、望油活脚手架剖面图

构件位置施工操作的需要，铺脚手板最高处约在脊檩或扶脊木上皮下返 1800mm。进深方向的梁、瓜柱和面宽方向的檐、金、脊步的檩、垫板、枋都要满足做地仗、刷油漆或绘制彩画的需要。搭设架子类似搭设满堂红脚手架，但铺脚手板高低错落，为非承重式脚手架。架每步高度约为 1800mm，脚手板位置要满足大木构件位置变化的需要。如在二层、三层搭设室内掏空脚手架，脚手架面积不应取地面面积，应包含楼梯井所占面积，各种洞口、梯井无论面积大小都不应被扣除。

　　廊步装饰掏空装饰脚手架，专门搭设在有廊步的房屋廊步位置，也属于非承重式脚手架，每步高 1800mm 左右，一般只有一、二步高，专门在有廊步的传统建筑廊步木基层（橡子、望板、斗栱等）檐步，金步檩，垫板，枋及抱头梁，穿插枋的地仗、油漆或绘制彩画，金步木装修，廊步有天花支条吊顶时使用。铺脚手板位置也随大木构件位置的变化有高低之分。廊步装饰掏空脚手架的高度以最高位置的铺板步数为准。廊步装饰掏空脚手架按面积计算，宽按檐柱中至槛墙外皮计算，长按建筑物通面宽计算（各间面宽轴线之和）。

　　这两种脚手架按搭设面积计算。一层室内掏空装饰脚手架面积取室内地面面积，步数以实际檐步高度与脊步搭设平均高度为准。廊步装饰掏空装饰脚手架的面积取廊

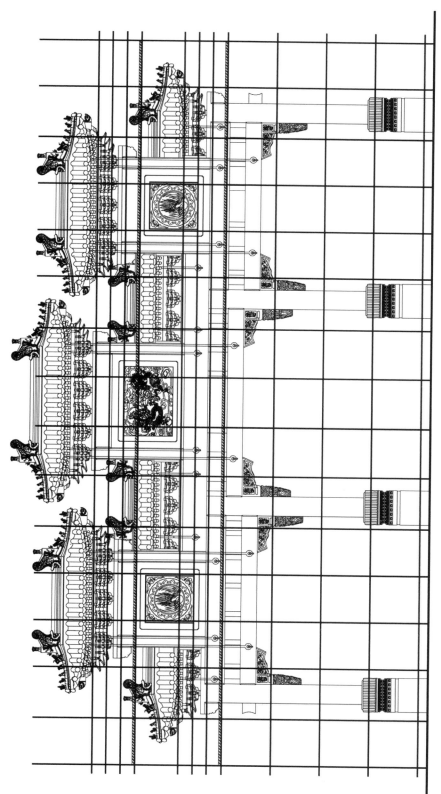

图 4-3-4 六步牌楼楼椽、望油活脚手架立面图

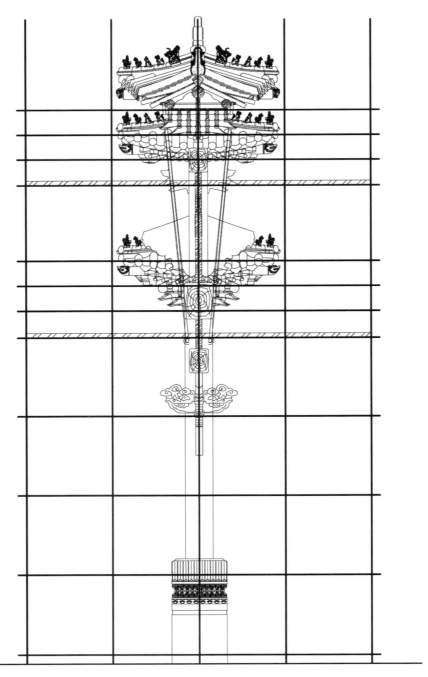

图 4-3-5 六步牌楼椽、望油活脚手架侧立面图

内地面面积。廊步装饰掏空脚手架是古建筑廊步大木构件、椽、望、地仗、油漆、彩画施工必须使用的脚手架。多层古建筑的平座也需要搭设廊步装饰掏空脚手架。廊步装饰掏空脚手架与屋面双排椽、望油活脚手架的使用功能不同，不能混用。有时屋面双排椽、望油活脚手架与廊步装饰掏空脚手架混在一起搭设，也应各自分别计算。

内檐及廊步装饰掏空脚手架，为保证铺板位置的高度，步数的计算与屋面双排齐檐脚手架相同，见图 4-3-6～图 4-3-8。

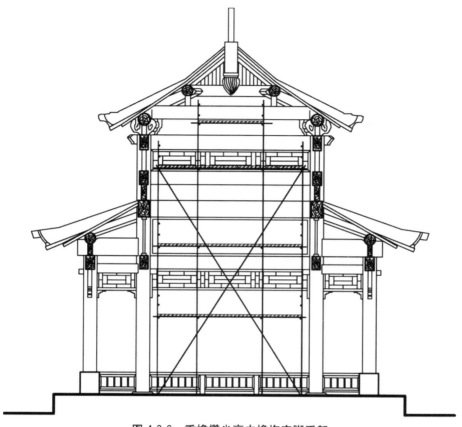

图 4-3-6　重檐攒尖亭内檐掏空脚手架

3. 室内满堂红脚手架

室内满堂红脚手架不同于基础满堂红脚手架，也不同于室内掏空脚手架。室内满堂红脚手架用于室内有天花支条吊顶或吊天花藻井的顶棚施工。

室内满堂红脚手架为非承重式脚手架，立杆间距和横杆间距为 1500～1800mm，作业层满铺脚手板，架子在室内的各面立杆和横杆、脚手板均不能与墙体、木柱或木装修接触，要留有 200mm 距离，根据需要可翻板或落板。当藻井与顶棚高差较大时，为满足藻井施工所搭设的脚手架属于内檐装饰掏空脚手架。

室内满堂红脚手架分步数以平方米为单位计算。一层、二层、三层按室内地面面积计算，不扣除楼梯井、楼梯口的面积。搭设步数以最高一层铺板的步数为准。

室内满堂红脚手架，为保证铺板位置的高度，步数的计算与屋面双排齐檐脚手架相同。

室内满堂红脚手架见图 4-3-9、图 4-3-10。

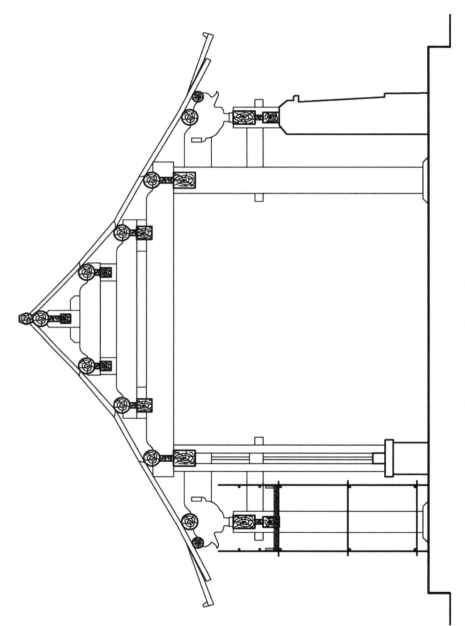

图 4-3-7　廊步装饰油活活掏空脚手架

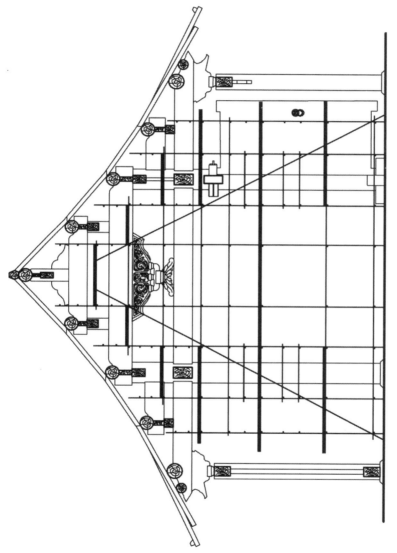

图 4-3-8 内檐装饰油活掏空脚手架

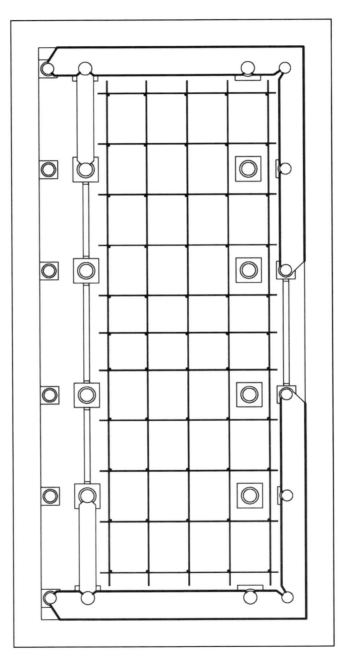

图 4-3-9　室内满堂红脚手架平面示意图

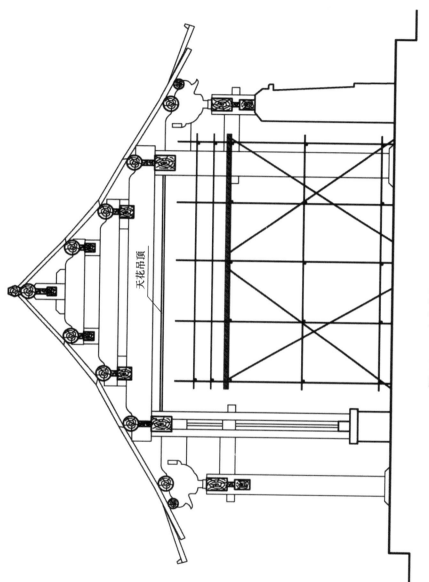

天花吊顶

图 4-3-10 室内满堂红脚手架剖面图

（用于天花支条安装和油漆彩画施工）

4. 防风帐架

防风帐架是古建筑油漆施工专门用于贴金工艺的一种防风架子，是非承重式架子。多利用原有脚手架外排立杆搭设防风帐架子，高度不够时可续接立杆。立杆上设置多道大横杆，外排立杆与里排立杆靠斜戗杆拉接，也可在铺板高度以上 2m 设置小横杆将里排、外排立杆拉接。架子外挂防风帐，挂防风帐高度是：至少从铺板位置至最高贴金位置再加 1500mm。水平方向也要比实际贴金长度每边长 2000mm。防风帐只在 2～3 级风使用，室外超过 3 级风一般不做贴金施工，减少贵重金属的损耗。

防风帐架子以平方米为单位按面积计算（面积指挂布帐的面积）。

贴金用防风帐架子见图 4-3-11。

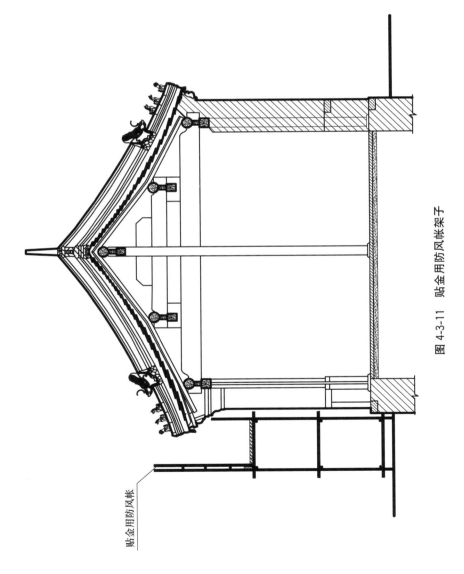

图 4-3-11　贴金用防风帐架子

贴金用防风帐

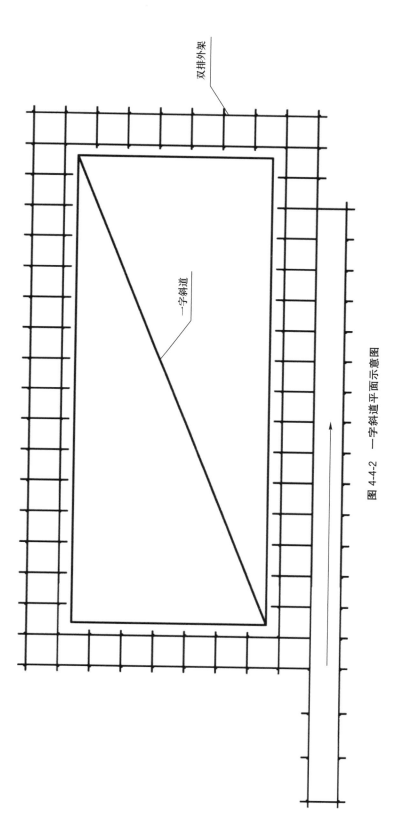

图 4-4-2 一字斜道平面示意图

双排外架

一字斜道

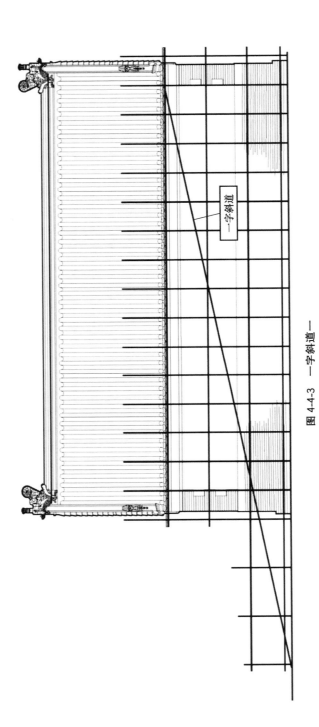

一字斜道

图 4-4-3 一字斜道

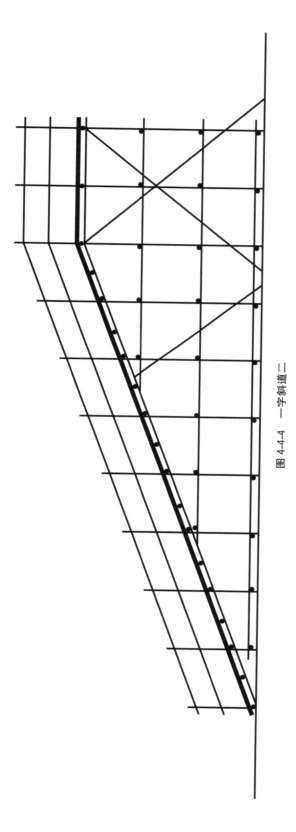

图 4.4-4　一字斜道二

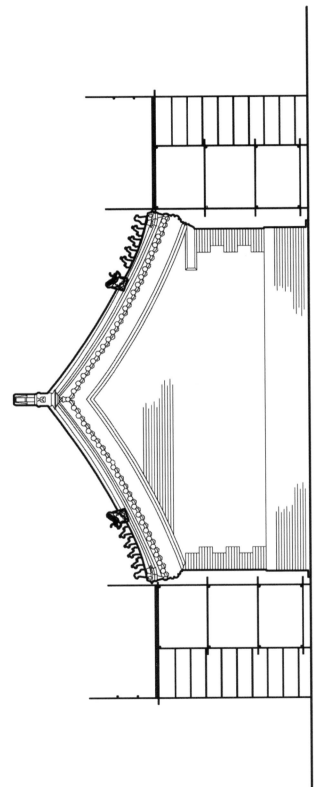

图 4-4-5 一字上人斜梯侧立面图

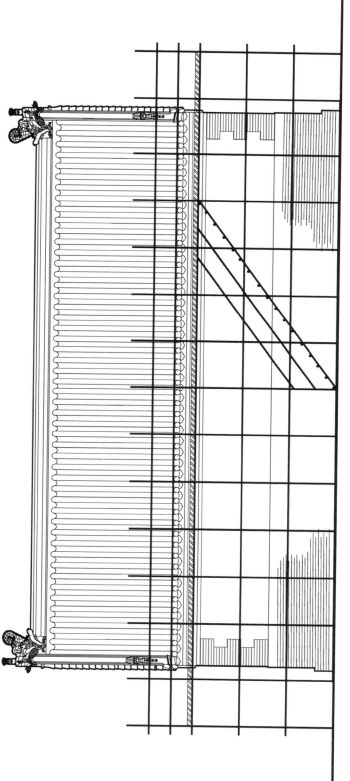

图 4-4-6 一字上人斜梯正立面图

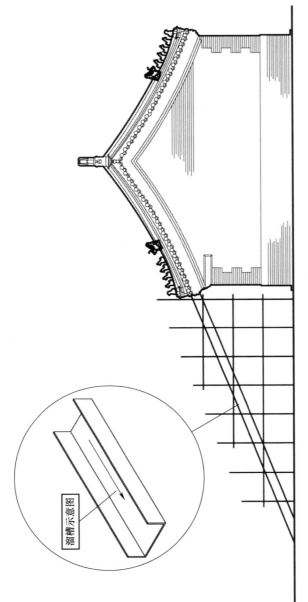

图 4-4-7　落料溜槽

5. 上人之字斜道

上人之字斜道是供施工人员上下的坡道，因形似"之"字得名。每一层搭设两个坡道，两个坡道间搭设一个转向休息平台。之字斜道可由多层组合而成，通过之字斜道可以到达各施工层。上人之字斜道一般依附双排外脚手架外侧搭设，在斜道上钉木防滑条，斜道和休息平台均设置两道护身栏杆，一道挡脚板。

上人之字斜道分搭设高度按座为单位计算，见图 4-4-8～图 4-4-10。

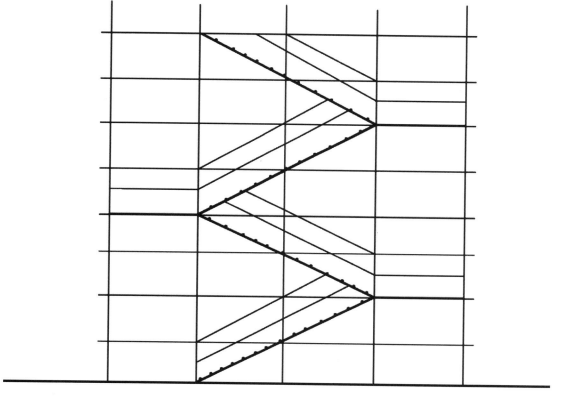

图 4-4-8　上人之字斜道

6. 护头棚

护头棚多搭设在建筑物出入口或脚手架下有行人通过的地方。护头棚有立杆、横杆，平顶上满铺脚手板，脚手板上铺密目网或彩条布，防止高空坠物伤人。护头棚与工作棚不同。

护头棚属于承重式脚手架，分为贴靠架搭设与独立式搭设两种。护头棚以平方米为单位按面积计算。护头棚多为矩形，长、宽以最外一排立杆之间的距离为准。

护头棚见图 4-4-11～图 4-4-14。

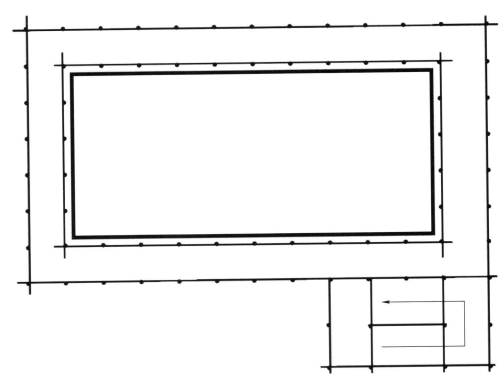

图 4-4-9 上人之字斜道平面示意图

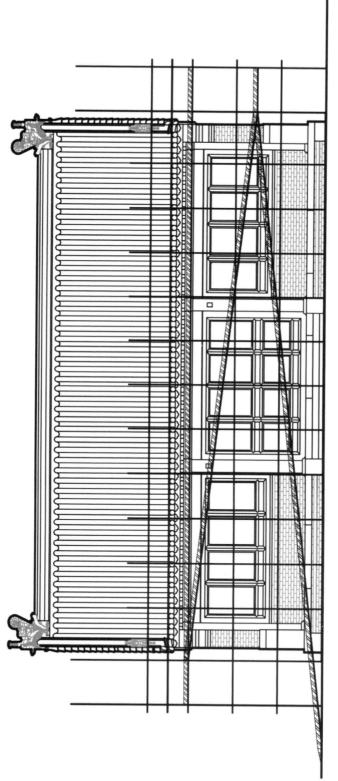

图 4-4-10 上人之字斜道（运输道）

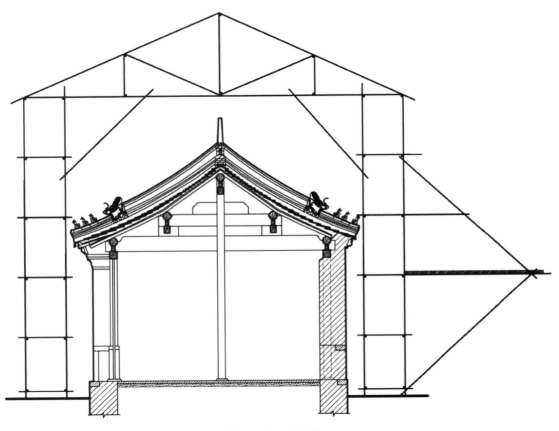

图 4-4-11　护头棚一

102

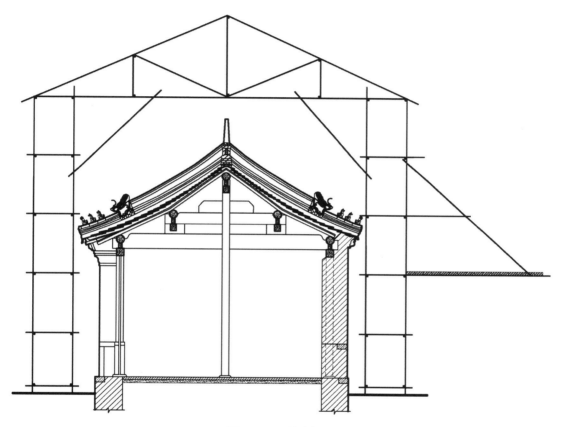

图 4-4-12　护头棚二

古
建
筑
搭
材
技
艺

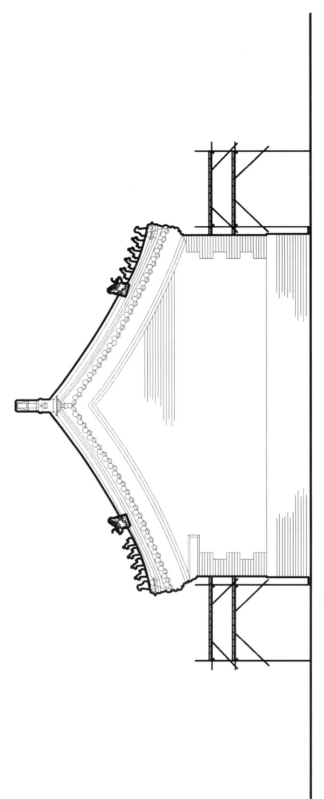

图 4-4-13　独立式双层护头棚

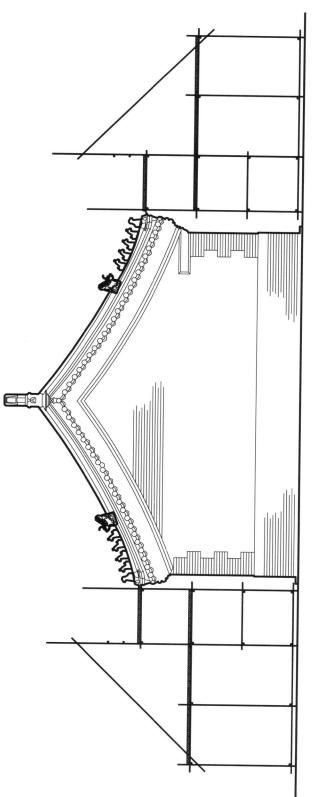

图 4-4-14 贴靠外架子护头棚

105

7. 工作棚

工作棚是用铁管搭设的简易棚子，为非承重遮风挡雨棚。分为两坡尖顶和单坡斜顶两种。可作为木工机械加工棚，防止机械雨淋受损，也可作为存放材料的存贮棚。工作棚用途广，搭拆方便，高低大小不受限制，棚顶铺设铁皮等防雨材料，四周完全通透。

工作棚以平方米为单位按面积计算，长、宽以最外一排立杆外皮距离为准。

工作棚见图 4-4-15～图 4-4-20。

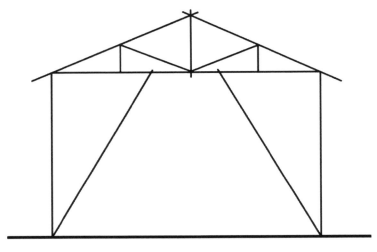

图 4-4-15　两坡顶工作棚一

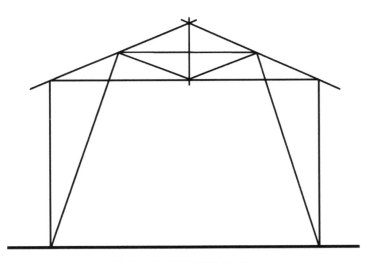

图 4-4-16　两坡顶工作棚二

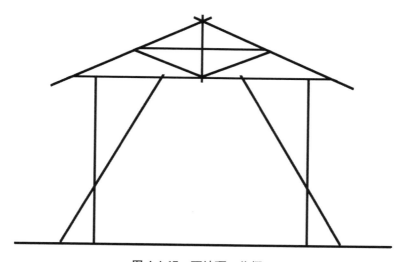

图 4-4-17　两坡顶工作棚三

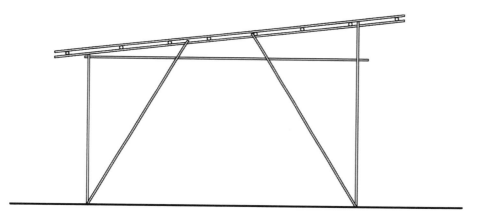

图 4-4-18　一坡顶工作棚

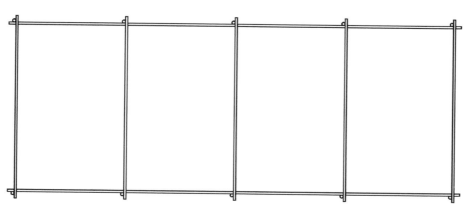

图 4-4-19　一坡顶工作棚平面图（四间）

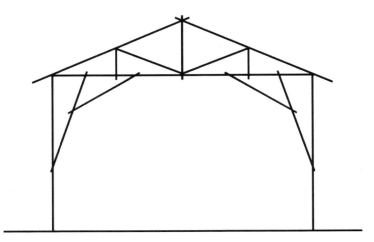

图 4-4-20　大跨度工作棚

8. 单独铺板与落（翻）板

一般的脚手架搭设只包括顶层的铺板，有时根据施工需要，要再单独多铺设几层脚手板，这种情况就属于单独铺板。

有时顶层的工作已经完成，需要逐层向下施工（如墙面剔补、打点、抹灰、刷浆等），需要将顶层的脚手板拆掉，铺设在顶层的下一层。每层工作完成后，逐层向下一层落板，这种情况属于落板。每落一次板，计算一次。

有时施工工序从底层逐渐向上进行（如墙体砌筑），需要将第一层的脚手板拆掉后铺设在第二层，将第二层的脚手板拆掉后，铺设在第三层，以此类推，逐层向上倒着铺板，这种情况属于翻板。每翻一次板，计算一次。

单独铺板和落（翻）板以米为单位，按实际铺板长度计算。

逐层翻板、落板见图 4-4-21～图 4-4-28。

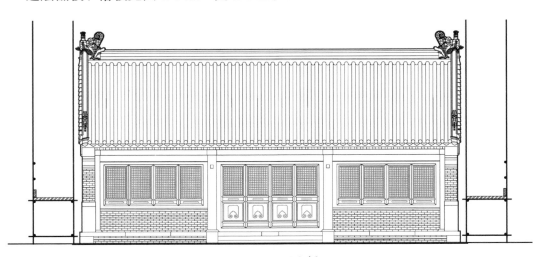

图 4-4-21　逐层翻板一

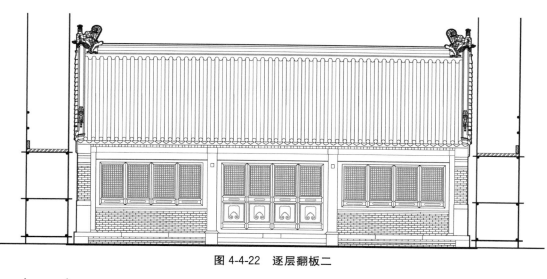

图 4-4-22　逐层翻板二

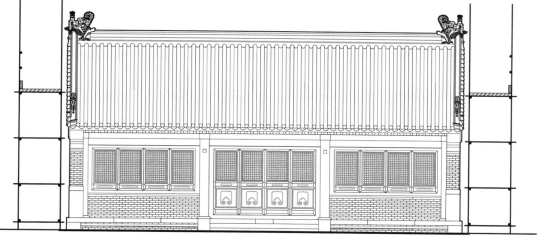

图 4-4-23　逐层翻板三

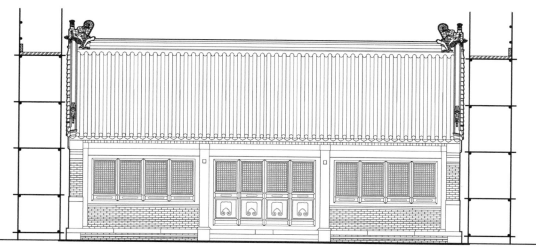

图 4-4-24　逐层翻板四

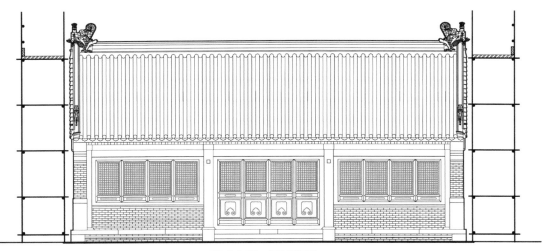

图 4-4-25　逐层落板一

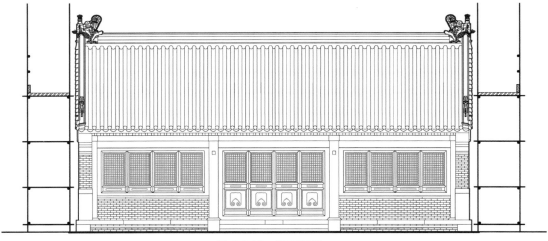

图 4-4-26　逐层落板二

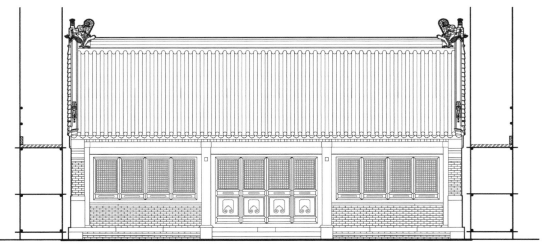

图 4-4-27　逐层落板三

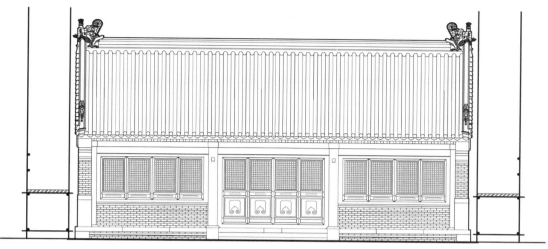

图 4-4-28　逐层落板四

9. 移动平台车

是一种小型的可移动式脚手架，多用于短期的修缮工程。移动灵活，搭拆简单，使用方便，多为非承重式脚手架。古建筑檐头更换勾头、滴水，室内吊顶局部维修时经常使用。可代替正式脚手架，减少脚手架的反复搭拆，节约人工，可重复使用。

移动平台车见图 4-4-29、图 4-4-30。

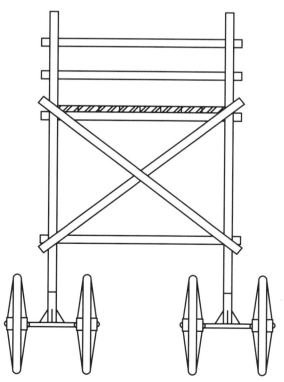

图 4-4-29　活动平台车侧立面图

移动平台车一般有四组脚轮,架子立杆插入脚轮横梁的竖向筒内,立杆间距不大于 2000mm,横梁上的步距 1500mm。小横杆间距不大于 1000mm,顶层满铺脚手板,四周设置护身栏两道,挡脚板一道。移动平台车应搭设直梯,供操作人员上下架子使用,移动平台车应放置在平整的地面,防止倾覆,平台上只能放置较少的材料。

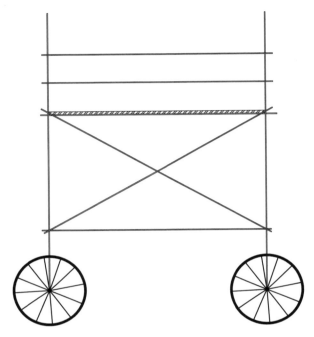

图 4-4-30　活动平台车正立面图

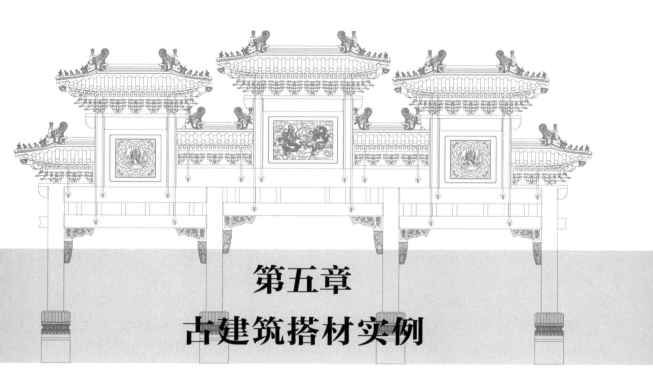

第五章
古建筑搭材实例

第一节　概述

古建筑在维修或翻建时，根据建筑物的特点、外观形式、工期和各专业工种的配合情况，需要搭设多种脚手架。有些脚手架是专门为某一工种或某项施工工艺搭设，有些脚手架是为多工种或多项施工工艺搭设。一种脚手架供多工种或多项施工工艺使用，体现了科学、合理的施工组织，但是，如果一座建筑在不同的时期重复使用一种脚手架，这样既不科学，也不合理。古建筑的维修工程情况很复杂，要结合工程具体情况，结合施工组织设计文件，结合设计变更和洽商确定如何搭设古建筑脚手架。

古建筑脚手架在搭设之前，要对脚手架立杆附近的地面进行处理。宜将立杆放置在坚硬的旧土层，不宜放在近期刚刚回填的土层。放置高大特殊的脚手架，应对立杆位置一定范围内的土重新夯实，在立杆下面放置专用的托垫或脚手板，防止架子因自重过大产生架体沉降。高大的特殊脚手架宜在转角处设置双立杆，在其他位置可视情况间隔设置双立杆。还可以在架体转角处隔几步设置水平抹角拉杆，加固架体转角处的薄弱环节。

已形成闭合的高大脚手架，应设置各个立面的拉接。高大的城台脚手架可通过明间、次间设置前后拉接，两山脚手架可通过前后廊步设置拉接。拉接用的钢管应采用搭接的方法或用钢丝绳加花篮螺栓紧固的方法，不能采用钢管加接头扣件的方法。一般4～5步的矮小脚手架可设置野戗，防止架体倾覆。

条件允许时，在高大特殊的城楼搭设脚手架，可设置多排立杆（4～6排），立杆逐渐向里侧收回，架体用缆风钢丝绳加固。

一些脚手架的搭设，往往是由其他脚手架修改后搭设而成，例如：古建筑的双排齐檐脚手架改搭为油活椽望脚手架。脚手架立杆可能没有太多变化，但设置大横杆必须考虑椽、望做油活时的高度，要调整架子的步距。护身栏杆、挡脚板、小横杆等都要重新设置。双排齐檐脚手架属于承重式脚手架，椽、望油活脚手架属于非承重式脚手架。有这种情况时，应单独考虑每种脚手架如何搭设。况且椽、望油活脚手架在搭设时，已经考虑人工、材料、机械的消耗。

古建筑使用的脚手架除应满足专业工艺或古建筑外形的需要，还应满足目前脚手架搭设规范的要求。脚手架首先应满足安全的要求，然后才满足方便使用的要求。专业的架子工应持证上岗。脚手架搭设前应对钢管、卡扣、安全网进行复试检测，合格后准许使用。5级风以上应停止脚手架的搭设。安全网挂设应符合规范的要求，并做相应的耐冲击试验，检测安全网的安全性能。拆改、调整脚手架必须由专业的架子工完成。

古建筑搭材技艺

114

大型脚手架、超高脚手架应有脚手架安全设计方案（必要时附带脚手架结构计算书），绘制脚手架的平面图、立面图、剖面图。一些特殊或超高的脚手架还要通过专家论证。脚手架搭设完毕，要进行专门的脚手架验收，验收合格后才能使用。

脚手架使用的杆件、扣件、脚手板多采用租赁的方式，租赁周期应以施工组织设计或脚手架专业方案的要求确定，并结合现场实际情况，附加必要材料的进、退场时间，以及材料在现场的必要闲置时间。脚手架材料的租赁时间不应只是单纯的施工时间，还要考虑必要的合理附加时间。

脚手架应有必要的防雷措施。古建筑使用的脚手架尽量不要与古建筑拉接，必须拉接时，应采取有效的措施，对古建筑加以保护。

第二节　实例

1. 脚手架杆件关系示意图

见图 5-2-1。

2. 带城台三层檐歇山式建筑脚手架

见图 5-2-2～图 5-2-6。

3. 妙应寺白塔脚手架

妙应寺白塔平面示意图见图 5-2-7，妙应寺白塔脚手架见图 5-2-8～图 5-2-10。

4. 八角密檐砖塔脚手架

见图 5-2-11～图 5-2-13。

5. 一般砖塔脚手架

见图 5-2-14、图 5-2-15。

6. 鼓楼脚手架

见图 5-2-16～图 5-2-19。

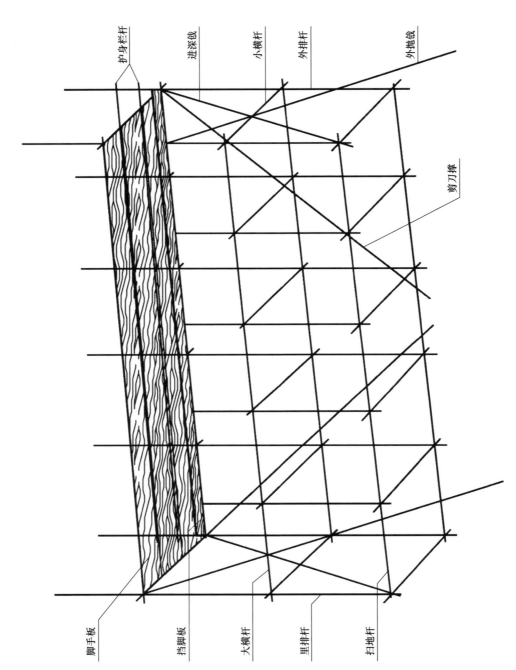

护身栏杆

进深戗

小横杆

外排杆

外抛戗

剪刀撑

脚手板

挡脚板

大横杆

里排杆

扫地杆

图 5-2-1　脚手架杆件关系示意图

116

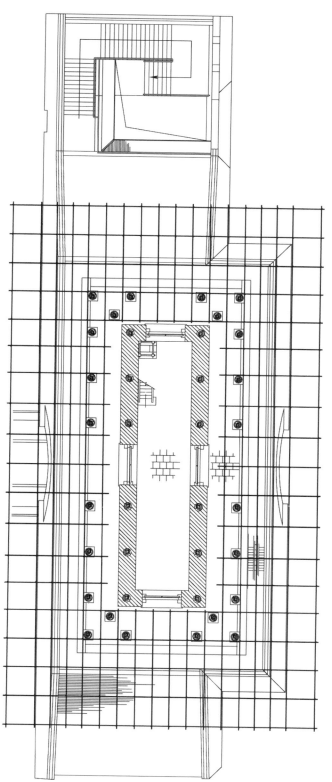

图 5-2-2 带城台三层檐歇山式建筑一层齐檐脚手架平面示意图

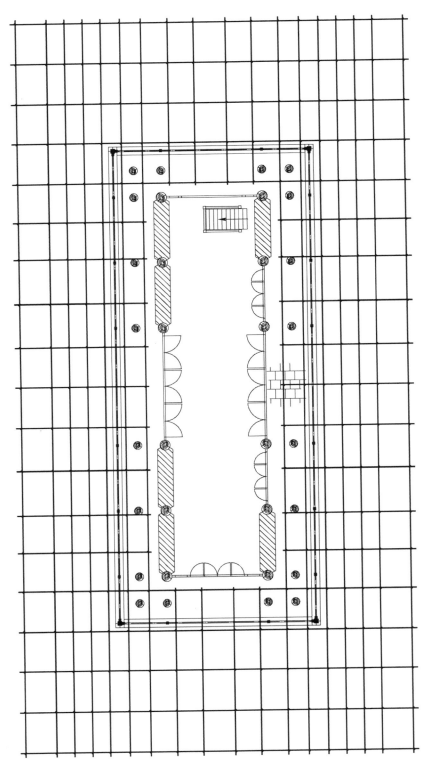

古
建
筑
搭
材
技
艺

图 5-2-3 带城台三层檐歇山式建筑二层齐檐脚手架平面示意图

118

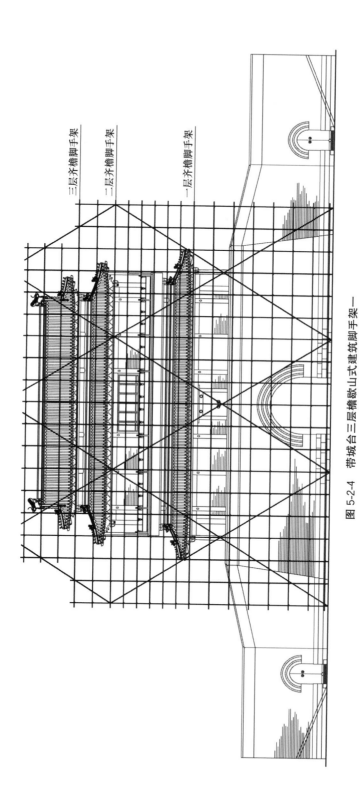

三层齐檐脚手架

二层齐檐脚手架

一层齐檐脚手架

图 5-2-4　带城台三层檐歇山式建筑脚手架一

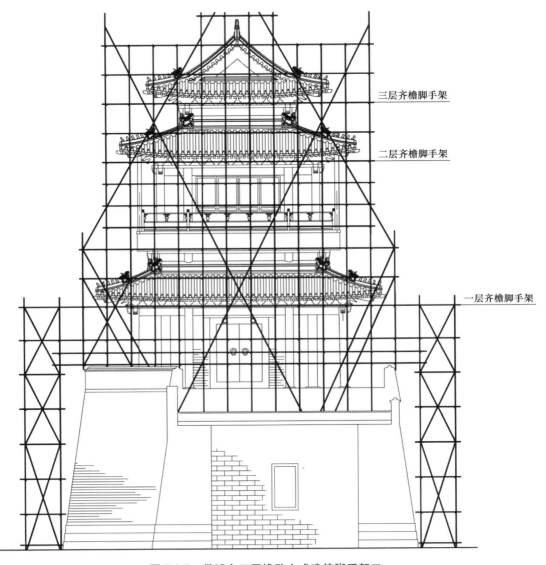

三层齐檐脚手架

二层齐檐脚手架

一层齐檐脚手架

图 5-2-5　带城台三层檐歇山式建筑脚手架二

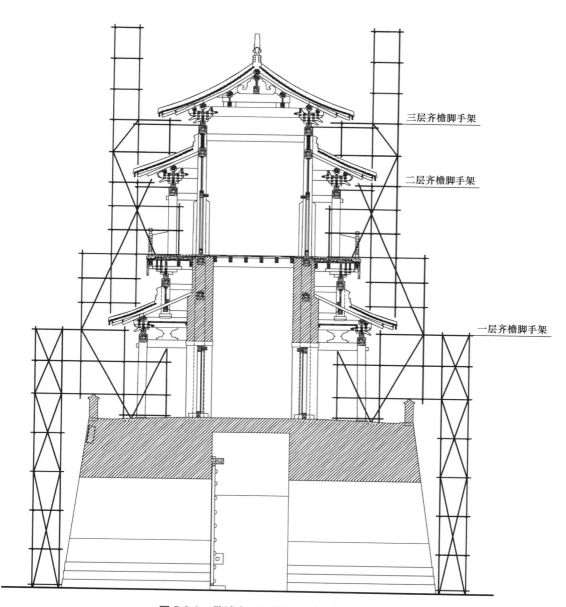

三层齐檐脚手架

二层齐檐脚手架

一层齐檐脚手架

图 5-2-6　带城台三层檐歇山式建筑脚手架三

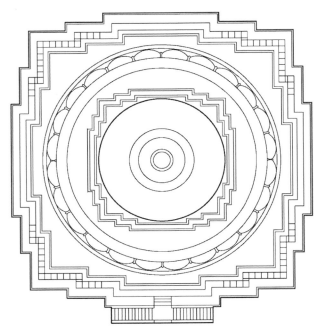

图 5-2-7　妙应寺白塔平面示意图

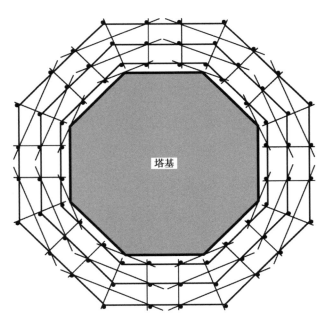

图 5-2-8　妙应寺白塔脚手架平面示意图

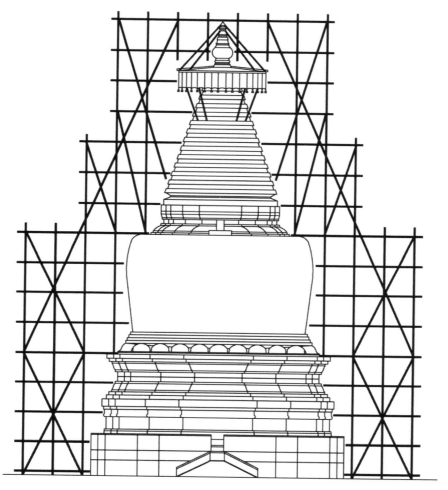

图 5-2-9　妙应寺白塔脚手架一

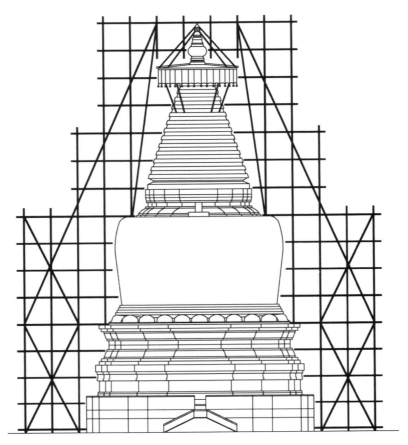

图 5-2-10　妙应寺白塔脚手架二

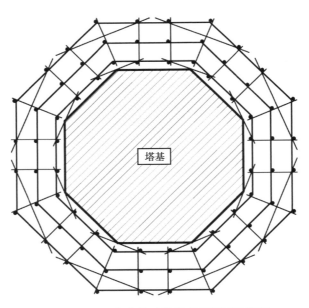

图 5-2-11　八角密檐砖塔脚手架平面示意图

图 5-2-12　八角密檐砖塔脚手架剖面图

古建筑搭材技艺

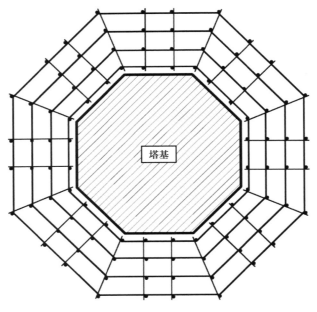

图 5-2-13　八角密檐砖塔脚手架平面示意图（束腰）

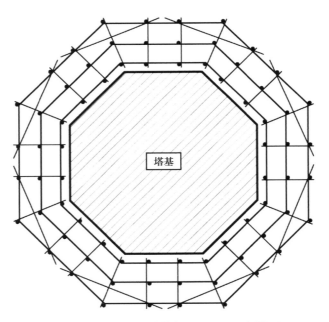

图 5-2-14　一般砖塔脚手架平面示意图

图 5-2-15　一般砖塔脚手架剖面图

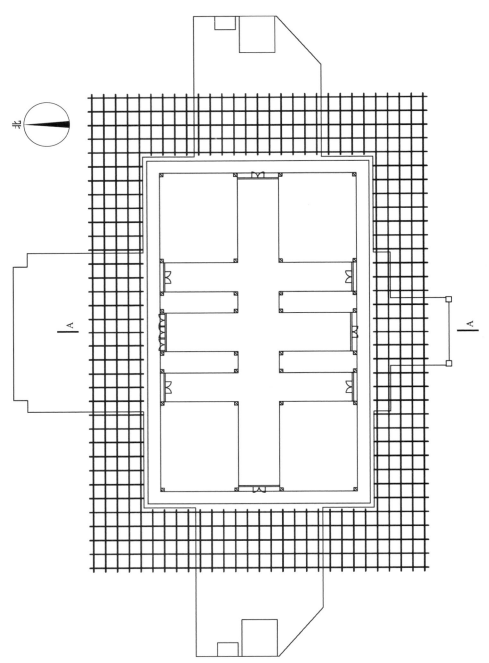

北

古建筑搭材技艺

A

A

图 5-2-16　鼓楼一层脚手架平面示意图

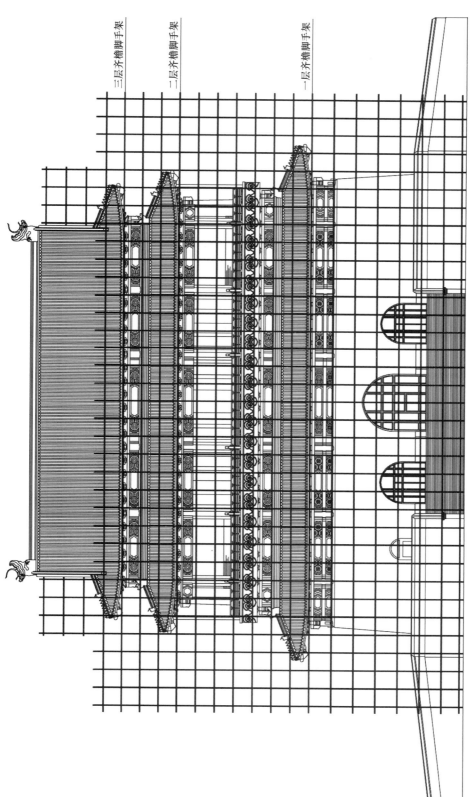

三层齐檐脚手架

二层齐檐脚手架

一层齐檐脚手架

图 5-2-17　鼓楼脚手架正立面图

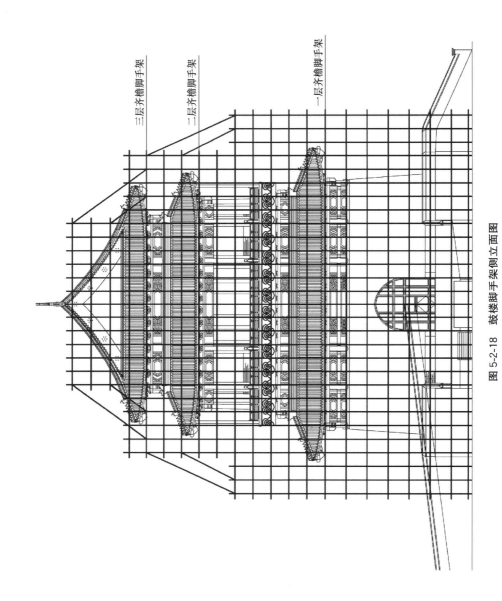

三层齐檐脚手架

二层齐檐脚手架

一层齐檐脚手架

图 5-2-18 鼓楼脚手架侧立面图

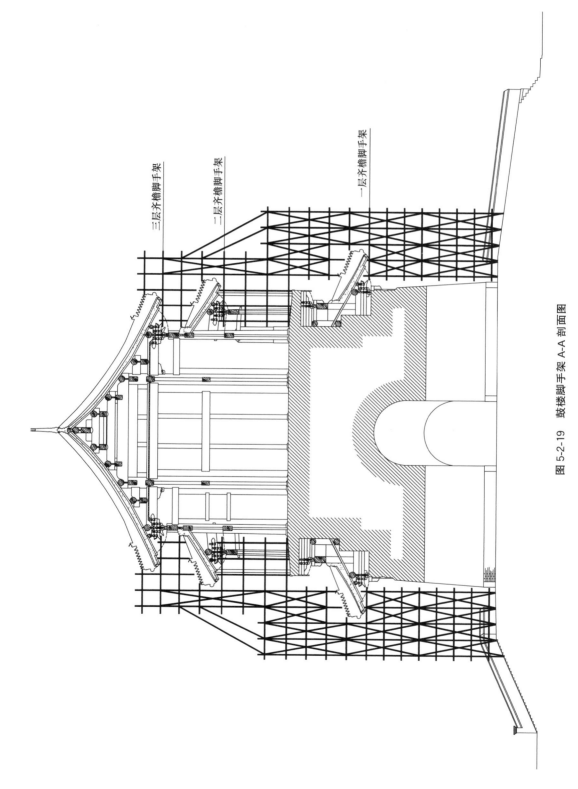

图 5-2-19　鼓楼脚手架 A-A 剖面图

三层齐檐脚手架

二层齐檐脚手架

一层齐檐脚手架

参 考 文 献

[1] 文化部文物保护科研所. 中国古建筑修缮技术［M］. 北京：中国建筑工业出版社，1983.

[2] 祁英涛. 中国古代建筑的保护与维修［M］. 北京：文物出版社，1986.

[3] 王时伟，吴生茂，杨虹. 清代官式建筑营造技艺［M］. 合肥：安徽科学技术出版社，2013.

古
建
筑
搭
材
技
艺